設計技術シリーズ

[監修]
埼玉大学
田中基八郎

愛知工業大学
堀 康郎

電磁振動と騒音設計法

電気電子機器の騒音対策と設計法を解説

科学情報出版株式会社

目　　次

■1. 電磁力の発生原理と振動・騒音の概要 1
1. はじめに 1
2. 電磁力の種類 1
- 2−1　電界の発生と電磁力 2
- 2−2　磁界の発生と電磁力 3
- 2−3　電流と磁界の相互作用 5
- 2−4　磁気ひずみ 5
- 2−5　電歪効果 6
3. 各種機器の電磁振動・騒音 6
- 3−1　変圧器 6
- 3−2　リアクトル 9
- 3−3　モータ 10
- 3−4　発電機 11
- 3−5　電磁石 12
- 3−6　半導体制御の機器の振動・騒音 13
- 3−7　静電力による振動・騒音 14
- 3−8　MRI 15
4. おわりに 15

■2. 電磁界と電磁力の計算方法 17
1. はじめに 17
2. 電磁力計算の基礎 17
- 2−1　磁界中の電流が受ける力 17
- 2−2　マクスウェル応力 17
3. 電磁界の計算 18
- 3−1　簡単な磁界の計算 18
- 3−2　数値計算を利用した磁界解析 20
4. 電磁力の計算 29
- 4−1　マクスウェル応力の応用 29
- 4−2　回転機のトルク 30

5．おわりに 30

■3．電磁鋼板に発生する磁歪現象の概要 33
1．はじめに 33
2．磁性材料の磁化現象 33
3．磁歪現象 36
4．電磁鋼板の磁歪現象と特性 37
 4－1　電磁鋼板の概要 37
 4－2　磁歪の測定・評価方法 38
 4－3　無方向性電磁鋼板の磁歪 39
 4－4　方向性電磁鋼板の磁歪 40
5．おわりに 44

■4．電磁鋼板の振動と変圧器鉄心の騒音 45
1．はじめに 45
2．磁歪振動 45
 2－1　変圧器鉄心における磁歪振動 45
 2－2　電磁鋼板の磁歪 46
3．鉄心の電磁振動 46
 3－1　鉄心の接合部における磁束の流れ 46
 3－2　鉄心接合部における電磁振動 48
4．積鉄心における振動・騒音の実測例 48
 4－1　積鉄心表面における漏洩磁界の分布 48
 4－2　積鉄心表面における振動の分布 49
5．騒音に及ぼす鉄心締付圧の影響 50
 5－1　締付圧による騒音の変化 50
 5－2　鉄心締付圧の変化における騒音機構 50
6．変圧器騒音に及ぼす素材特性の影響 52
 6－1　磁歪の周波数スペクトル強度 52
 6－2　磁歪振動の加速度成分 52
 6－3　磁歪振動と騒音の関係について 55
7．おわりに 56

■5．電磁力による変圧器鉄心の振動・騒音 *57*
  1．はじめに *57*
  2．変圧器の構造 *57*
  3．騒音の種類と振動伝達経路 *58*
  4．鉄心の振動 *59*
    4－1 鉄心の構造 *59*
    4－2 積層振動 *60*
    4－3 面内の曲げ振動 *63*
  5．変圧器タンクの振動・騒音 *69*
    5－1 振動・騒音の計算法 *69*
  6．変圧器騒音の低減法 *70*
  7．おわりに *71*

■6．電磁力による変圧器巻線の振動・騒音 *73*
  1．はじめに *73*
  2．変圧器巻線の構造 *73*
  3．巻線に流れる事故電流 *73*
  4．巻線に加わる電磁力 *77*
  5．半径方向電磁力による巻線の挙動 *77*
    5－1 内側巻線の座屈 *77*
    5－2 外側巻線の塑性変形 *81*
  6．軸方向電磁力による巻線の挙動 *81*
    6－1 軸方向振動 *82*
    6－2 塑性崩壊 *84*
    6－3 圧壊 *84*
    6－4 その他の破壊 *85*
    6－5 軸方向振動の低減 *85*
  7．通電騒音について *87*
  8．おわりに *88*

■7．モータ固定子鉄心に作用する
    電磁力による振動現象「その1」 *91*

はじめに *91*
　1．モータにはどのような電磁振動・騒音が発生するのか *91*
　2．電磁力の計算 *92*
　　2－1　解析方法 *92*
　　2－2　解析の流れ *92*
　　2－3　磁束解析 *92*
　3．電磁力の発生周波数と電磁力モード *94*
　4．電磁力の計算 *102*
　おわりに *105*

■8．モータ固定子鉄心に作用する
　　　電磁力による振動現象「その2」 *107*
　はじめに *107*
　5．モータの機械系の振動特性 *107*
　　5－1　電磁力による振動応答解析 *107*
　　5－2　電磁力による振動応答解析 *108*
　6．実験 *113*
　　6－1　実験方法 *113*
　　6－2　運転中の振動モード測定 *114*
　　6－3　固有振動数、固有振動モードおよび減衰係数 *114*
　　6－4　測定結果 *114*
　7．電磁力による振幅値 *118*
　7－1　電磁力による変位量 *118*
　7－2　電磁力による変位量の計算値比較 *119*
　おわりに *120*

■9．小型誘導電動機の電磁加振力と構造物の振動・騒音 *123*
　1．はじめに *123*
　2．小型コンデンサモータの加振力特性 *124*
　　2－1　モータ加振力を直接計測するための実験装置 *124*
　　2－2　モータ加振力の周波数特性 *126*
　　2－3　モータ加振力の位相特性 *127*

－ IV －

  2－4 モータ加振力を受ける薄肉平板の振動応答 *127*
 3．小型コンデンサモータのトルク脈動によって発生する
   モータ加振力の計算 *131*
  3－1 トルク脈動がモータ加振力に変換されるメカニズム *131*
  3－2 トルク脈動の計算 *133*
  3－3 トルク脈動によるモータ加振力の計算 *135*
 4．おわりに *140*

■10．電磁力に起因する電動機の振動・騒音のシミュレーション *143*
 1．はじめに *143*
 2．電動機の振動・騒音解析法 *145*
  2－1 電磁応力の高調波成分解析 *145*
  2－2 電磁力―構造振動加振力変換 *146*
 3．振動放射音のシミュレーション *148*
  3－1 誘導電動機（1） *148*
  3－2 誘導電動機（2） *152*
 4．電磁力と構造振動・騒音の評価法 *152*
  4－1 共振判定値 *152*
  4－2 モード外力 *154*
  4－3 計算結果 *154*
 5．おわりに *155*

■11．発電用風車の騒音 *157*
 1．はじめに *157*
 2．風車の騒音源 *157*
  2－1 機械音 *157*
  2－2 空力騒音 *159*
 3．広帯域音低減対策 *162*
  3－1 翼端騒音 *162*
  3－2 後縁騒音 *163*
  3－3 大気乱れ騒音 *165*
 4．低騒音翼型の設計法の概要 *165*

5．おわりに 167

■**12． ハイブリッド自動車の振動騒音・電磁騒音** 171
　1．まえがき 171
　2．ハイブリッドシステム 171
　3．ハイブリッド車の振動騒音と課題 172
　4．モータ騒音 174
　　4－1　強制力と開発課題 174
　　4－2　低減技術 175
　5．スイッチング騒音 178
　　5－1　強制力と開発課題 178
　　5－2　低減技術 179
　6．おわりに 182

1 電磁力の発生原理と振動・騒音の概要

1．はじめに

　電気を用いる機器は、電力をはじめとして通信・電子機器にまで広く及んでおり、我々の生活には切っても切れない必須のものである。電圧がかかると電界が発生し、電流が流れると磁界が発生する。電界・磁界はそれぞれエネルギーの場であり、外部に力を及ぼす。このため、電気を用いる機器では、必要の有無にかかわらず、電磁力により振動・騒音が発生する。最近の機器は大容量・高集積化と同時に小型・コンパクト化・軽量化などが行われ、薄肉で振動しやすくなっている。エネルギー密度で見ても、より小さい空間に大きな電界・磁界のエネルギーを閉じ込める構造になり、振動・騒音が大きくなる傾向にある。

　電磁力の種類および発生の仕組みをわかりやすく解説するとともに、電磁力による各種機器の振動・騒音の概要を述べる。

2．電磁力の種類

　一般に磁界が原因となる力を電磁力、電界が原因となる力を静電力と呼んでいるが、ここでは両者を総称して電磁力と呼ぶことにする。

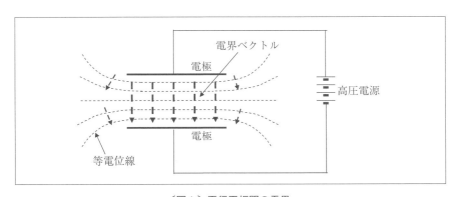

〔図1〕平行平板間の電界

2—1　電界の発生と電磁力

　二つの電極間に電圧を加えると、電極間には電界が発生する。図1に平行平板に電圧を加えた場合の電界の分布を示す。電界の大きさは式(1)で表わされる。

$$E = \frac{V}{d} \quad \cdots\cdots\cdots(1)$$

　ここに、E：電界強度（V/m）
　　　　　d：電極間の間隔（m）

　すなわち、電界強度は電圧に比例し、電極間の距離に反比例する。電圧によって発生した電界のほとんどが電極間に存在する。ほとんどと述べたのは、電極端部付近では図に示すように広がるためである。電磁力はどのように働くのであろうか。簡単に言うと、電磁力は電界が存在する空間を小さくするように、エネルギーが小さくなる方向に働くのである。その結果二つの電極は互いに引き合うことになる。正確に電磁力の式を示すと、式(2)になる。

$$F = \frac{\varepsilon E^2}{2} \quad \cdots\cdots\cdots(2)$$

　ここに、F：単位面積あたりの電磁力（N/m²）
　　　　　ε：媒質の誘電率（F/m）

　この力は、電界強度の2乗、媒質の誘電率に比例し、方向は電界の方向になる。図2に電磁力を示す。直流電圧の場合には電磁力は起動時を除くと、時間に対して変化せず一定で、振動・騒音の原因にはならない。一方、交流電圧の場合には、電圧が正弦波であれば、電界も正弦波となる。$E=E_0\sin(\omega t)$とすると、電磁力は、

$$F = \frac{\varepsilon E_0^2}{4}(1-\cos 2\omega t) \quad \cdots\cdots\cdots(3)$$

となり、電界の2乗に比例し、電界の周波数の2倍の周波数で変化することになる。図3に電磁力の波形を示す。一般に、電界による電磁力は小さく、振動・騒音が問題となることは少ないが、電力用コンデンサで問題になることがある。

　他に、電磁力ではないが電界に関係して発生するものとして、コロナ放電による振動がある。

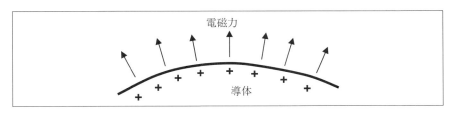

〔図2〕電磁力

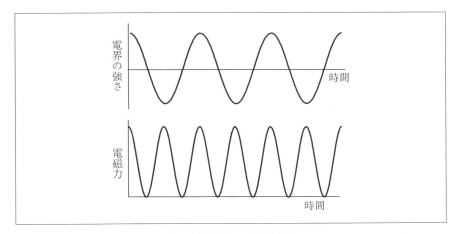

〔図3〕電磁力の時間的変化

2－2　磁界の発生と電磁力

電流が流れると磁界が発生する。図4に線状電流による磁界を示す。磁界の強さHは、

$$H = \frac{I}{2\pi r} \quad\cdots\cdots\cdots\cdots\cdots\cdots\cdots\cdots\cdots\cdots\cdots\cdots\cdots(4)$$

ここに、　H：磁界の強さ（AT/m）
　　　　　I：電流（A）
　　　　　r：半径（m）

となる。これはアンペアの法則と呼ばれている。磁界の方向は電流の方向に右ねじが回転する方向になる。磁界により、媒質には磁力線の束である磁束が流れる。単位面積を通過する磁束、すなわち磁束密度Bは磁界の強さHに比例す

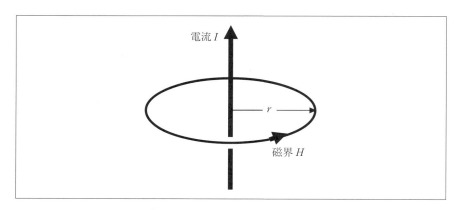

〔図4〕アンペアの周回積分の法則

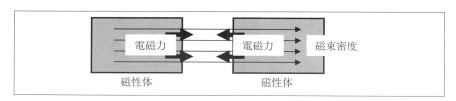

〔図5〕磁性体に働く力

る。

$$B = \mu H \quad \cdots\cdots\cdots\cdots\cdots\cdots\cdots\cdots\cdots\cdots\cdots\cdots (5)$$

ここに、B：磁束密度（Wb/m²）
　　　　μ：媒質の透磁率（H/m）

磁束が磁性体に進入するところでは電界と同様に磁性体と垂直方向に電磁力が働く。図5に磁界による電磁力を示す。単位面積あたりの電磁力の大きさは、

$$F = \frac{B^2}{2\mu} \quad \cdots\cdots\cdots\cdots\cdots\cdots\cdots\cdots\cdots\cdots\cdots\cdots (6)$$

ここに、F：単位面積あたりの電磁力（N/m²）

となる。永久磁石のように静磁界であれば、式(6)の電磁力は変動せず、振動・騒音の原因とはならない。しかし、磁界が変化する場合には、振動・騒音

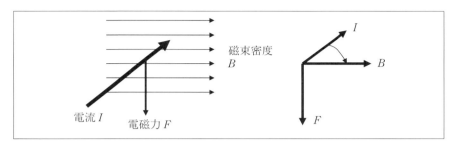

〔図6〕磁界中の電流に働く力

の原因になる。磁界が正弦波で変化する場合には、$B=B_0 \sin \omega t$として

$$F = \frac{B_0^2}{4\mu}(1-\cos \omega t) \quad \cdots (7)$$

となり、磁界の周波数の2倍の周波数の電磁力が働くことがわかる。

2—3　電流と磁界の相互作用

　磁界中に電線を置き、それに電流を流すと、電磁力が働く。この電磁力は、フレミングの左手の法則により表わされ、電流と磁界の方向にそれぞれ直角な方向に電磁力Fが働く。ベクトル表示をすると、

$$\vec{F} = \vec{I} \times \vec{B} \quad \cdots (8)$$

となる。これはローレンツ力と呼ばれている。図6に電磁力とその方向を示す。モータが回るのも、テレビのブラウン管の中で電子の軌道が曲がるのも、この力のためである。

2—4　磁気ひずみ

　磁性体に磁束が流れると、寸法がわずかであるが変化する。これを磁気ひずみ（Magnetostriction）という。材料によっても異なるが、長さの100万分の1程度の寸法変化である。この力は小型の機器では問題にならないが、電力用の変圧器では振動・騒音の主原因になっている。図7に磁気ひずみループと磁気ひずみ波形を示す。磁気ひずみループは履歴特性を持っており、磁束の増加方向と減少方向で、大きさが異なっている。磁束密度が正弦波の場合、磁気ひずみは磁束密度の周波数の2倍の周波数で変化することがわかる。他に超磁気ひずみ材料で寸法変化が1000分の1程度のものがあり、超音波を発生させる振動子として使われている。

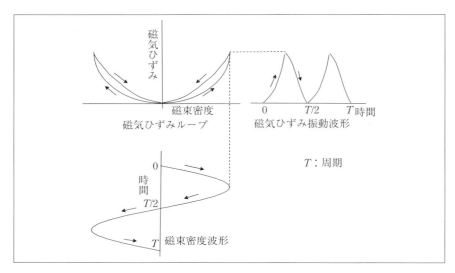

〔図7〕磁気ひずみループと磁気ひずみ波形

2—5 電歪効果

　強誘電体に電圧をかけると、磁性体と同様に寸法が変化する。また、逆に力を加えてひずみを与えると電圧を発生する。クリスタルレシーバ、平面スピーカはこの原理を利用したものであり、振動センサとしても広く使用されている。家庭用のガスレンジの点火には圧電素子が使用されており、圧電素子を打撃することにより、高い電圧を発生させ、火花を飛ばして、ガスに点火するのである。

3．各種機器の電磁振動・騒音
3—1　変圧器[1]

　変圧器の鉄心は珪素鋼板を積層して構成されている。図8にもっとも簡単な2巻線変圧器を示す。1次巻線に電圧を加えると、鉄心中に矢印で示す磁束が流れる。2次巻線に負荷が接続されていない場合に1次巻線に流れる電流を励磁電流といい、鉄心中に所定の磁束密度を与えるのに必要な電流であり、負荷電流に比べて十分小さい。2次巻線には巻数に比例した電圧が発生する。1次巻線、2次巻線の巻数をそれぞれN_1、N_2とし、1次側の電圧をV_1、2次側の電

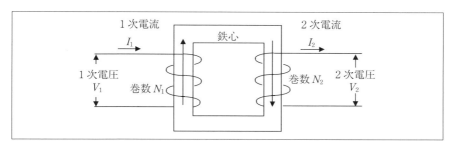

〔図8〕2巻線変圧器

圧をV_2とすると式(9)が成り立つ。

$$V_2 = \frac{N_2}{N_1} V_1 \quad\cdots\cdots\cdots\cdots\cdots\cdots\cdots\cdots\cdots\cdots\cdots\cdots\cdots(9)$$

次に、2次側に負荷を接続すると、負荷電流I_2が流れる。負荷電流により発生する磁束を打ち消すために、1次側に電流I_1が流れる。1次電流I_1と2次電流I_2の関係は式(10)で与えられる。

$$N_1 I_1 = N_2 I_2 \quad\cdots\cdots\cdots\cdots\cdots\cdots\cdots\cdots\cdots\cdots\cdots\cdots\cdots(10)$$

すなわち、電流と巻数の積は1次と2次で変わらない。負荷電流が流れてもそれによる磁束は、1次側の電流による磁束で打ち消されるため、鉄心中の磁束は負荷の有無によって変化せず一定である。

3−1−1 鉄心の振動

鉄心の各部は磁気ひずみにより長さが変化するので、鉄心の面内に振動が発生する。図9に鉄心の振動の発生原理を示す。ここで、磁気ひずみにより珪素鋼板が伸びると仮定すると、上下の部分B（継鉄、ヨークと呼ばれる）は左右の部分A（脚鉄、コアと呼ばれる）から上部は上方向に、下部は下方向に揺さぶられることがわかる。逆に左右の部分Aは上下の部分Bから水平方向に揺さぶれる。この結果、鉄心は図に示すような振動を発生するのである。磁気ひずみ振動の波形は図7に示すように電源周波数の2倍の周波数を基本波とし、その整数倍の高調波からなっているので、鉄心も電源周波数の2倍の周波数を基本波とし、その整数倍の高調波で振動する。鉄心は弾性体であり、共振特性を持っており、実際に現われる振動は鉄心の振動特性により変化する。鉄心の振動は冷却と絶縁を兼ねた変圧器油のなかに音波として伝播し、筐体であるタン

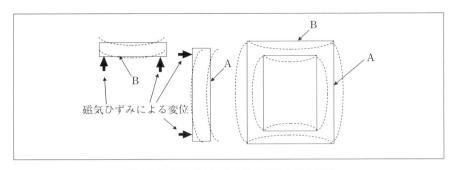

〔図9〕磁気ひずみによる鉄心振動の発生原理

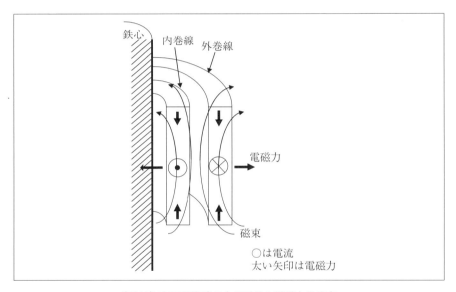

〔図10〕変圧器巻線の中の磁界と電磁力の分布

クを振動させ、外部に騒音として出るのである。変圧器の騒音の原因としては、この鉄心の振動によるものが大半で、他には冷却用のポンプやファンなどがある。

3－1－2　巻線の振動

　前述のように、2次巻線に電流が流れた場合でも、鉄心中の磁界は変化しな

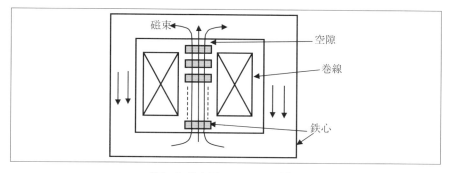

〔図11〕電力用リアクトルの構造

いが、巻線内部の磁界は大きく変化する。図10に変圧器巻線中の磁界と電磁力の分布を示す。この磁界には励磁電流は関与せず、負荷電流である2次電流と1次電流による磁界で作られる。2次電流による磁界は1次電流により打ち消されると述べたが、それは鉄心中のことである。1次巻線と2次巻線を同じ場所に配置することは物理的に不可能なため、巻線中では、打ち消せない磁界が必ず残るのである。巻線に加わる電磁力は、式(8)により決まるので、図のようになる。すなわち、軸方向の磁束により、内側巻線は半径方向内側に、外側巻線は半径方向外側に電磁力がかかることがわかる。また、半径方向の磁束により、内側巻線、外側巻線とも軸方向に縮む方向に電磁力が働くことがわかる。これにより巻線は振動するが、通常の状態では、振動は小さく、騒音の原因にはならない。一方、送電線の方で短絡事故などが発生した場合には、変圧器には数倍から十数倍の電流が流れる。電流・磁界ともに増加するので、電磁力は通常の場合の10倍から100倍になる。これにより、内側巻線は半径方向の電磁力により、座屈する恐れがあり、外側巻線は弾性限界を超えて、塑性変形する恐れがある。一方、軸方向電磁力により巻線は軸方向に大きく振動し、場合によっては破壊する恐れがある。

3—2 リアクトル

　リアクトルはいわゆるインダクタンス素子であって、高周波電流に対して大きいインピーダンスを示す。電力系統では、長距離送電線で大地との静電容量により発生する有害な進み電流を補償するために、リアクトルが用いられる。また、整流回路で高調波を抑制するフィルタの構成素子としても用いられる。図11に電力用リアクトルの構造を示す。変圧器と異なり巻線は一つであり、磁

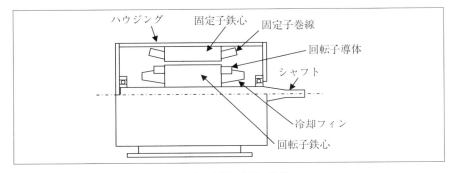

〔図12〕誘導電動機の構造

気飽和を防止するため、鉄心中に空隙を設けてある。磁束の通り道に空隙があるため、空隙では式(7)による電磁力が働く。電磁力の周波数は電源周波数の2倍のみで、磁気ひずみのように高調波はない。しかし、周波数変換所では、電源の高調波もリアクトルに流れるので、高調波による振動・騒音が発生する場合がある。新幹線の電車でも、一時リアクトルの騒音が車内で聞こえたことがある。また、電子機器にも主にフィルタ素子としてリアクトルが用いられるが、高調波電流により、音を出し、問題となることがある。

3-3 モータ

モータは電磁力を駆動力として回転するが、各種の周波数の振動・騒音を発生する。特に複雑なのがもっとも汎用的に用いられる誘導電動機である[2]。図12に誘導電動機の構造を示す。誘導電動機は固定子により、回転磁界を発生させ、これを回転子の巻線あるいは導体が切ることにより、巻線に電流が流れ、この電流と回転磁界により、式(8)の電磁力が発生し回転駆動力となるものである。回転磁界は固定子の巻線により発生させられる。回転磁界を回転の任意の位置で見ると磁界が時間的に変化するが、この変化は完全な正弦波ではなく、高調波を含んでいる。これは巻線の配置で決まる起磁力分布が図13(a)のように階段状になるためである。回転磁界による電磁力は回転子だけでなく、固定子にも働く。このため、固定子は回転磁界の周波数を基本波とし、その高調波からなる多数の周波数で振動させられる。一方、回転子には巻線あるいは導体を収納する溝があり、固定子溝との組み合わせで、回転により磁気抵抗が変化し、磁界の変化を引き起こす。図13(b)にその様子を示す。回転子は回転磁界より少し遅く回転する。この回転数の差をスリップと呼び、駆動力の発生源と

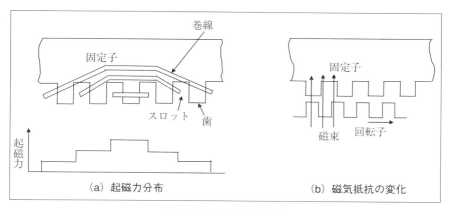

〔図13〕高調波の発生原因

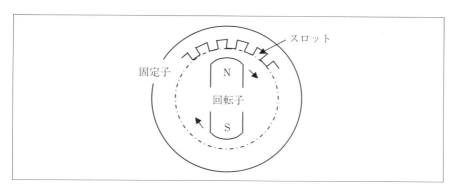

〔図14〕同期発電機

なる。さらに、回転磁界により回転子巻線に誘起される電流による磁界が加わり、電磁力を発生する。詳細は別の回に譲るが、このように固定子・回転子が各種の周波数で振動するのである。

3－4　発電機

図14に発電機の構造を示す。発電機では回転子は直流磁界を発生させ、これが回転することにより、回転磁界ができ、この磁界を固定子巻線が切ることにより、固定子巻線に電圧が発生する。図15に磁石である回転子が回転し、固定子に楕円振動が発生する様子を示す。この周波数は2極機で電源周波数の2倍の100Hzまたは120Hzになる。固定子の固有振動数は一般にこれより高いが大

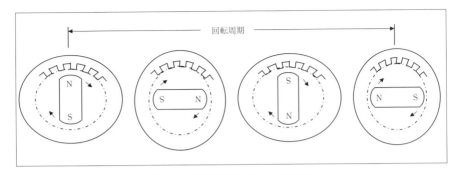

〔図15〕同期発電機の固定子の振動

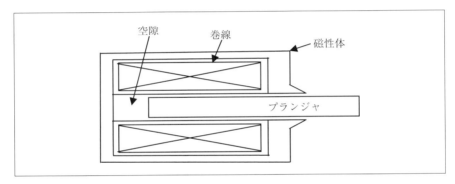

〔図16〕プランジャ型電磁石

型・大容量の発電機では固有振動数が低くなり、問題になることがある。

3－5　電磁石

　電磁石は式(6)による吸引力を発生させるもので、さまざまな箇所に用いられている。図16にプランジャ型電磁石を示す。直流または交流をコイルに流すことにより、プランジャを吸引するものである。プランジャが磁性体に衝突するときに発生する振動・騒音と、吸引を維持している状態の振動・騒音の二つがある。直流の場合は後者の振動は原理的に発生しないが、交流を流す場合は、プランジャが移動後、磁性体にしっかり接触していないと電源周波数の2倍の振動・騒音を発生する。

3－6　半導体制御の機器の振動・騒音[3]

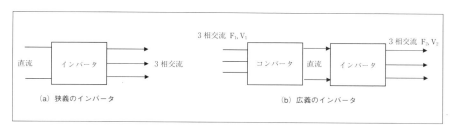

〔図17〕インバータの構成

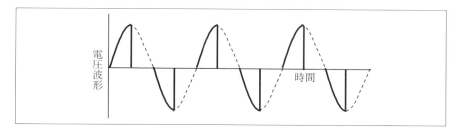

〔図18〕サイリスタによる位相制御

　最近はインバータ駆動される機器が増加している。インバータ電源は以下のような構造になっている。図17にインバータ電源の構造を示す。(a)は狭義の意味のインバータで直流を任意の周波数、電圧の3相交流に変換するものである。(b)は商用周波数の入力電圧をコンバータにより直流に変換したあと、インバータにより別の周波数、電圧の交流に変換するのである。交流の発生方法としては半導体の発振回路を用いる方式と、複数のスイッチング素子をオンオフさせてPWM（パルス幅変調）波形を作り、擬似正弦波を作る方式とがある。安価で汎用的に用いられる誘導電動機にインバータを用いることにより、回転数を自由に変化させることができる。しかし、直流から作られる交流は完全な正弦波ではなく、高調波を含んでおり、誘導電動機の騒音が大きくなる。

　最近、環境負荷が小さいとして注目されているハイブリッド自動車や電気自動車は車外では音が小さく、接近しても気づかないという問題も提起されているが、車室内ではインバータの騒音が聞こえ、問題となる場合も出ている。

　また、扇風機などは、図18に示すように、回転数を下げるために、交流波形の一部を除去する位相制御が行われる。この方法は簡単に回転数を変えること

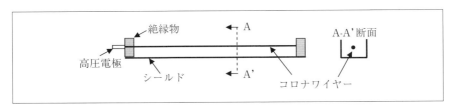

〔図19〕コロナ帯電器

ができるが、電圧・電流に高調波を含むことになり、騒音の原因となる。

3−7　静電力による振動・騒音

3−7−1　コンデンサの振動・騒音

電力系統ではモータなどのインダクタンス負荷による遅れ電流を補償するためにコンデンサが用いられる。通常、コンデンサの騒音は小さく問題になることはないが、電源の高調波が増すと無視できなくなることがある。5.85MVarのコンデンサバンクで電源電圧の第3高調波が6%程度のとき、120Hz成分が67dB(A)の報告がある[4]。

また、電子機器においては、高圧スイッチング用のコンデンサの振動測定の報告がある。方形波の電圧がコンデンサに印加されるため、振動には多数の高調波が含まれる[5]。

3−7−2　コロナ放電による振動

電気集塵機はコロナ放電により、電荷を発生させ、塵に帯電させ、塵を静電力により回収するものである。放電するのは細いワイヤーで、ときには振動することがある。

電子写真方式のプリンタやコピー機は、コロナ放電により電荷を光感光体ドラムに帯電させ、レーザーや蛍光灯の光を当てて、感光体の一部を導電状態にし、電荷で画像を描いている。

図19にコロナ放電を用いた帯電器を示す。細いワイヤーに高電圧を掛けて放電させる。ワイヤーは電界と、放電による空間電荷、発生したイオンなどにより駆動され振動する[6]。これはワイヤーの振動により電界が変化するため非線形な振動となる。

3－8 MRI

MRI（Magnetic Resonance Imaging：核磁気共鳴画像診断装置）は水素原子の核磁気共鳴現象を利用して、体内の水分子の分布を求め、病気の診断に用いるものである。MRIは超電導電磁石により、高い直流磁場を加えておき、ラジオ波（高周波磁場）を照射して、水素原子核の核磁気共鳴信号を繰り返しサンプリングして画像化している。この際、位置情報を知るために傾斜磁場を加えている。傾斜磁場の変化はコイルの電流のスイッチングにより実現されている。電磁力はこの電流と超電導磁場で式(8)の電磁力が働き、騒音となるものである。体験者も多いと思うが、結構大きな騒音を発生している。

4．おわりに

電磁振動・騒音の原因となる電磁力の発生原理を解説するとともに、各種機器における電磁振動・騒音について簡単に紹介した。

参考文献

1）堀：「最近の変電機器の低振動、低騒音化技術」，電気学会論文誌B，Vol.115，No.2，pp.101-104，1995年
2）奥田他：「誘導電動機の電磁うなり振動騒音の発生原因」，電気学会論文誌，Vol.98，No.8，pp.679-686，1978年
3）電気学会技術報告（II部）No.87，インバータ駆動による誘導電動機の技術的諸問題，1988年
4）Cox, Guan："IEEE Tr. Power Delivery"，Vol.9，No.2，p.856，1994年
5）山川他：「高圧スイッチング用コンデンサの振動測定」，日本音響学会講演論文集，pp.709-710，2008年
6）Y.Itoh, et al："Non-planer lateral oscillation of the wire in a system of wire and plate electrodes"，Asia-Pacific Vibration Conference '93, 1004, Nov. 1993

2 電磁界と電磁力の計算方法

1．はじめに

　電磁力を計算するには、電流の磁気作用、フレミングの左手の法則、マクスウェル応力などで表わされる電流と磁界の相互作用あるいは磁界中に想定される応力などを計算することが基本である。いずれにしても、電流や永久磁石、鉄などの磁性体が存在している状態の磁界分布を計算し、電流に働く力や磁性体に働く力を求める。

　現在は上記の磁界や電磁力を求めることができる商用のソフトが多数市販されているので、購入し使いこなすことができれば、必要な答を得ることができる。ただ、得られた結果が正しいかどうかチェックするには、電磁界と電磁力に関する正確な知識が必要である。

2．電磁力計算の基礎

　電磁気学で扱われている電磁力について、簡単に説明する。

2−1　磁界中の電流が受ける力

　磁束密度B (T)中の長さl (m)の電流I (A)が受ける力F (N)は、次の式(1)で表わされる。

$$F = I \bullet l \times B \quad \cdots\cdots\cdots\cdots\cdots\cdots\cdots\cdots\cdots\cdots\cdots\cdots\cdots\cdots(1)$$

　左手の中指を電流、人差し指を磁界の方向とした時の親指の方向が電流が磁界から受ける力の方向である（フレミングの左手の法則）。

2−2　マクスウェル応力

　永久磁石の磁極間に働く力や鉄などの磁性体を磁界中に置いたときに磁性体に働く力を計算するには、マクスウェル応力を使う必要がある。マクスウェル応力は磁力線に平行な方向に張力$\frac{1}{2}B \bullet H$(N/m^2)が働き、磁力線間に同じ斥力が働くと考える。

　いずれにしても、電磁力を求めるには、磁界の強さH (A/m)、あるいは磁束密度Bを求めることが必須であることがわかる。

3. 電磁界の計算
3−1 簡単な磁界の計算
3−1−1 磁性体がない場合

　無限に長い1本の直線状導体に流れる電流により作られる磁界が、最も簡単に求められる磁界である。図1に示すように、うず状の磁界が導体の周囲に発生していると考え、アンペールの法則を適用して磁界の強さHと磁束密度Bを求めることができる。後ほど説明する数値計算でもアンペールの法則を使うと、複雑な場の計算ができる式を容易に導くことができる。

　任意形状のコイルに流れる電流により点Pに発生する磁界の計算には、ビオ・サバールの法則に基づく計算式(2)を使用する。

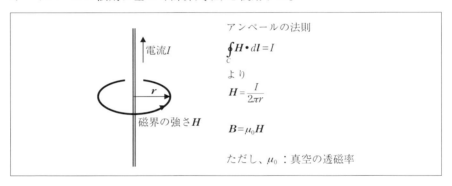

〔図1〕無限に長い直線状導体の電流による磁界の強さ

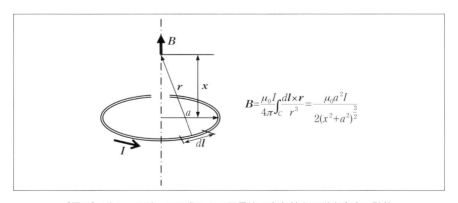

〔図2〕ビオ・サバールの式による円電流の中心軸上の磁束密度の計算

$$\boldsymbol{B}(\mathrm{P}) = \frac{\mu_0 I}{4\pi} \int_C \frac{d\boldsymbol{l} \times \boldsymbol{r}}{r^3} \quad \cdots\cdots\cdots\cdots\cdots\cdots\cdots\cdots\cdots\cdots\cdots\cdots (2)$$

ここで、 μ_0：真空の透磁率（H/m）
　　　　$\boldsymbol{r}, r$：電流素片 $I \bullet d\boldsymbol{l}$ から点Pまでの距離と方向を示すベクトル $\boldsymbol{r}$ (m)および距離 r (m)

ビオ・サバールの法則を利用して円電流の中心軸上の磁界を求めた例を図2

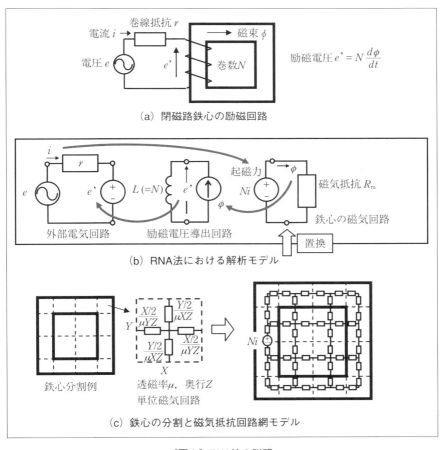

〔図3〕RNA法の説明

に示す。この例でも中心軸から外れると、解析解を見出すことが難しくなるので、式(2)から数値積分で磁界を求める。電流素片が作る磁界の各ベクトル成分を求め、各々の成分について足し算を行うこと（数値積分）で、どのように複雑なコイル形状でも容易に計算ができる。

3－1－2　磁性体がある場合

磁性体があると式(2)では計算できないために、最終的には、次項以下で説明する数値計算を行う必要がある。磁気回路を電気回路に置き換えて磁束密度を求める方法（Reluctance Network Analysis：RNA法）は、閉磁路鉄心やギャップ付き鉄心の磁界を簡単に求めることができる。図3に計算方法をまとめて示す。本方法は、電気回路の解析プログラムと組み合わせることにより、複雑でより実用的な計算対象にも適用されている。

3－2　数値計算を利用した磁界解析

現在主流となっている三次元辺要素有限要素法による数値計算では、連立一次方程式を導くためにガラーキン法が用いられるが、コイル電流などを方程式に取り込むには直感的にはわかりにくいと感じる。筆者は、学生が理解しやすいように辺要素と先ほどのアンペールの法則を組み合わせる方法を工夫した。ガラーキン法では、体積積分すなわち三次元積分で連立一次方程式の係数を導くのに対し、筆者の方法は、経路積分すなわち一次元の積分を使うので、係数計算の時間はガラーキン法よりも短くなるはずである。なお、ガラーキン法を利用した連立一次方程式の導出については、岡山大学の高橋先生の著書に詳しく説明されているので、ここでは省略する。

3－2－1　六面体辺要素

空間を六面体で分割する。六面体の各辺と頂点は、他の六面体と共有されているものとする。その1つの六面体を取り出して図4に示す。この六面体内部の磁束密度ベクトル$\boldsymbol{B}$は、ベクトルポテンシャル$\boldsymbol{A}$(Wb/m)から、$\boldsymbol{B}=\mathrm{rot}\boldsymbol{A}$で表わされるものとする。$\boldsymbol{A}$は、12個のベクトル補間関数$\boldsymbol{N}_k$(m^{-1})により、式(3)で表わされる。

$$\boldsymbol{A} = \sum_{k=1}^{12} A_k \boldsymbol{N}_k \quad \cdots\cdots\cdots\cdots\cdots\cdots\cdots\cdots\cdots\cdots\cdots\cdots (3)$$

ここで、A_k(Wb)は連立一次方程式の未知数に相当し、方程式を解いて得られる値である。$\boldsymbol{N}_k$の定義は、次に示すように、該当する辺番号の辺上で、

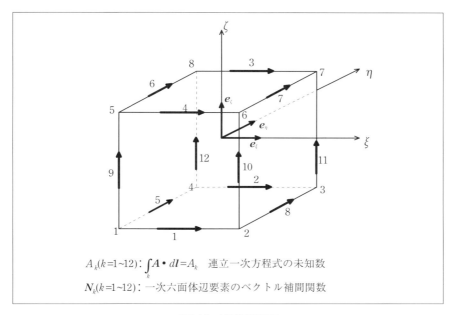

$A_k(k=1\sim12): \int_k \boldsymbol{A} \cdot d\boldsymbol{l} = A_k$　連立一次方程式の未知数
$N_k(k=1\sim12)$：一次六面体辺要素のベクトル補間関数

〔図4〕六面体辺要素

$$\int_k \boldsymbol{A} \cdot d\boldsymbol{l} = A_k \quad \cdots\cdots(4)$$

となるように、

$$\int_k \boldsymbol{N}_i \cdot d\boldsymbol{l} = 1(k=i), 0(k \neq i) \quad \cdots\cdots(5)$$

となる。したがって、六面体辺要素では、12個の辺上のベクトルポテンシャル$\boldsymbol{A}$の線積分の値A_k ($k=1\sim12$) が独立変数かつ連立一次方程式の未知数として、六面体内部のベクトルポテンシャルを式(3)で近似している。六面体の8個の頂点の座標 (x, y, z) を1次のパラメータ (ξ, η, ζ) で表わすと以下の図5の式(6)になる。このパラメータを利用してベクトル補間関数は、以下のように表わすことができる。

$$N_k = \frac{1}{8}(1+\eta_k\eta)(1+\zeta_k\zeta)grad\xi, k = 1\sim 4 \quad \cdots\cdots\cdots(7)$$

$$N_k = \frac{1}{8}(1+\zeta_k\zeta)(1+\xi_k\xi)grad\eta, k = 5\sim 8$$

$$N_k = \frac{1}{8}(1+\xi_k\xi)(1+\eta_k\eta)grad\zeta, k = 9\sim 12$$

ここで、kは、図4の各辺番号であり、

$$grad\xi = (\frac{\partial \xi}{\partial x}, \frac{\partial \xi}{\partial y}, \frac{\partial \xi}{\partial z})$$

$$grad\eta = (\frac{\partial \eta}{\partial x}, \frac{\partial \eta}{\partial y}, \frac{\partial \eta}{\partial z}) \quad \cdots\cdots\cdots(8)$$

$$grad\zeta = (\frac{\partial \zeta}{\partial x}, \frac{\partial \zeta}{\partial y}, \frac{\partial \zeta}{\partial z})$$

図5の式(6)から以下の式は、偏微分により容易に求めることができる。

$$\boldsymbol{e}_\xi = (\frac{\partial x}{\partial \xi}, \frac{\partial y}{\partial \xi}, \frac{\partial z}{\partial \xi})$$

$$\boldsymbol{e}_\eta = (\frac{\partial x}{\partial \eta}, \frac{\partial y}{\partial \eta}, \frac{\partial z}{\partial \eta}) \quad \cdots\cdots\cdots(9)$$

$$\boldsymbol{e}_\zeta = (\frac{\partial x}{\partial \zeta}, \frac{\partial y}{\partial \zeta}, \frac{\partial z}{\partial \zeta})$$

$\boldsymbol{e}_\xi, \boldsymbol{e}_\eta, \boldsymbol{e}_\zeta$から、$grad\xi, grad\eta, grad\zeta$を以下のように求めることができる。

$$grad\xi = \frac{\boldsymbol{e}_\eta \times \boldsymbol{e}_\zeta}{[\boldsymbol{e}_\xi, \boldsymbol{e}_\eta, \boldsymbol{e}_\zeta]}$$

$$grad\eta = \frac{\boldsymbol{e}_\zeta \times \boldsymbol{e}_\xi}{[\boldsymbol{e}_\xi, \boldsymbol{e}_\eta, \boldsymbol{e}_\zeta]}$$

$$grad\zeta = \frac{\boldsymbol{e}_\xi \times \boldsymbol{e}_\eta}{[\boldsymbol{e}_\xi, \boldsymbol{e}_\eta, \boldsymbol{e}_\zeta]} \quad \cdots\cdots\cdots(10)$$

この式を基に例えば、$\int_1 \boldsymbol{N}_1 \bullet d\boldsymbol{l} = 1$ が得られ、$\int_{k\neq 1} \boldsymbol{N}_1 \bullet d\boldsymbol{l} = 0$ などが確認でき、12個の未知変数Akとベクトル補間関数Nkとで、式(3)が成立していることがわかる。また、Nkは、六面体の8個の頂点の座標（x, y, z）とパラメータ（x, h, z）で表わされている。

図4の六面体の各頂点番号 i	ξ_i	η_i	ζ_i
1	−1	−1	−1
2	1	−1	−1
3	1	1	−1
4	−1	1	−1
5	−1	−1	1
6	1	−1	1
7	1	1	1
8	−1	1	1

$$x = \sum_{i=1}^{8} \frac{1}{8}(1+\xi_i\xi)(1+\eta_i\eta)(1+\zeta_i\zeta)x_i$$
$$y = \sum_{i=1}^{8} \frac{1}{8}(1+\xi_i\xi)(1+\eta_i\eta)(1+\zeta_i\zeta)y_i \quad \cdots\cdots (6)$$
$$z = \sum_{i=1}^{8} \frac{1}{8}(1+\xi_i\xi)(1+\eta_i\eta)(1+\zeta_i\zeta)z_i$$
$$-1 \leq \xi \leq 1, -1 \leq \eta \leq 1, -1 \leq \zeta \leq 1$$

〔図5〕局所パラメータ座標（ξ, η, ζ）による六面体内部の位置座標（x, y, z）の表現

3－2－2 アンペールの法則と経路積分

$x(\xi)$方向の辺に関する連立方程式を導くことにする。図6のように1つの辺を共有する4個の六面体で検討する。中央の辺A_0を取り囲む8個の経路ⅠからⅧまでにおいて、図中で説明しているように、経路積分を行い、12×4＝48個の係数について、同じ辺では係数同士を加える等の計算をすることで、結局33個の辺の未知数A_k（k=0～32）に関する一次式にまとめることができ、端面を構成する辺を除いて、解析する空間のすべての辺について経路積分で一次式を得ることができる。

ここで、$rot\boldsymbol{N}_k$（k=1～12）の計算式を表1にまとめて示す。解析空間の端面では、A_kを零で固定する固定境界条件、透磁率を無限大と仮定する自由境界条件、あるいは、周期構造を取り扱う周期境界条件などの境界条件を決めること

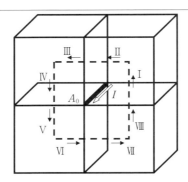

次のアンペールの法則を4個の六面体に適用する

$$\oint \boldsymbol{H} \cdot d\boldsymbol{l} = \oint \boldsymbol{j} \cdot d\boldsymbol{S}$$

各六面体内部では以下の式が成立する

$$\boldsymbol{H} = \frac{1}{\mu}\boldsymbol{B} = \frac{1}{\mu}rot\boldsymbol{A} = \frac{1}{\mu}\sum_{k=1}^{12} A_k rot\boldsymbol{N}_k$$

経路Ⅰ～Ⅷまでの線積分を行い以下の式より33個の辺に関する一次式が得られる

$$\oint \boldsymbol{H} \cdot d\boldsymbol{l} = \sum_{\mathrm{I}}^{\mathrm{VIII}} \left\{ \frac{1}{\mu}\left(\sum_{k=1}^{12} A_k rot\boldsymbol{N}_k\right) \cdot d\boldsymbol{l} \right\} = I$$

〔図6〕 4個の六面体に囲まれた中央の辺の未知変数A_0に関する連立一次方程式の係数を求める方法（経路積分法）

〔表1〕 $rot\boldsymbol{N}_k$の計算式

$rot\boldsymbol{N}_1 = \frac{1}{8}\frac{-(1-\eta)\boldsymbol{e}_\eta + (1-\zeta)\boldsymbol{e}_\zeta}{[\boldsymbol{e}_\xi,\boldsymbol{e}_\eta,\boldsymbol{e}_\zeta]}$	$rot\boldsymbol{N}_5 = \frac{1}{8}\frac{-(1-\zeta)\boldsymbol{e}_\zeta + (1-\xi)\boldsymbol{e}_\xi}{[\boldsymbol{e}_\xi,\boldsymbol{e}_\eta,\boldsymbol{e}_\zeta]}$	$rot\boldsymbol{N}_9 = \frac{1}{8}\frac{-(1-\xi)\boldsymbol{e}_\xi + (1-\eta)\boldsymbol{e}_\eta}{[\boldsymbol{e}_\xi,\boldsymbol{e}_\eta,\boldsymbol{e}_\zeta]}$
$rot\boldsymbol{N}_2 = \frac{1}{8}\frac{-(1+\eta)\boldsymbol{e}_\eta - (1-\zeta)\boldsymbol{e}_\zeta}{[\boldsymbol{e}_\xi,\boldsymbol{e}_\eta,\boldsymbol{e}_\zeta]}$	$rot\boldsymbol{N}_6 = \frac{1}{8}\frac{-(1+\zeta)\boldsymbol{e}_\zeta - (1-\xi)\boldsymbol{e}_\xi}{[\boldsymbol{e}_\xi,\boldsymbol{e}_\eta,\boldsymbol{e}_\zeta]}$	$rot\boldsymbol{N}_{10} = \frac{1}{8}\frac{-(1+\xi)\boldsymbol{e}_\xi - (1-\eta)\boldsymbol{e}_\eta}{[\boldsymbol{e}_\xi,\boldsymbol{e}_\eta,\boldsymbol{e}_\zeta]}$
$rot\boldsymbol{N}_3 = \frac{1}{8}\frac{(1+\eta)\boldsymbol{e}_\eta - (1+\zeta)\boldsymbol{e}_\zeta}{[\boldsymbol{e}_\xi,\boldsymbol{e}_\eta,\boldsymbol{e}_\zeta]}$	$rot\boldsymbol{N}_7 = \frac{1}{8}\frac{(1+\zeta)\boldsymbol{e}_\zeta - (1+\xi)\boldsymbol{e}_\xi}{[\boldsymbol{e}_\xi,\boldsymbol{e}_\eta,\boldsymbol{e}_\zeta]}$	$rot\boldsymbol{N}_{11} = \frac{1}{8}\frac{(1+\xi)\boldsymbol{e}_\xi - (1+\eta)\boldsymbol{e}_\eta}{[\boldsymbol{e}_\xi,\boldsymbol{e}_\eta,\boldsymbol{e}_\zeta]}$
$rot\boldsymbol{N}_4 = \frac{1}{8}\frac{(1-\eta)\boldsymbol{e}_\eta + (1+\zeta)\boldsymbol{e}_\zeta}{[\boldsymbol{e}_\xi,\boldsymbol{e}_\eta,\boldsymbol{e}_\zeta]}$	$rot\boldsymbol{N}_8 = \frac{1}{8}\frac{(1-\zeta)\boldsymbol{e}_\zeta + (1+\xi)\boldsymbol{e}_\xi}{[\boldsymbol{e}_\xi,\boldsymbol{e}_\eta,\boldsymbol{e}_\zeta]}$	$rot\boldsymbol{N}_{12} = \frac{1}{8}\frac{(1-\xi)\boldsymbol{e}_\xi + (1+\eta)\boldsymbol{e}_\eta}{[\boldsymbol{e}_\xi,\boldsymbol{e}_\eta,\boldsymbol{e}_\zeta]}$

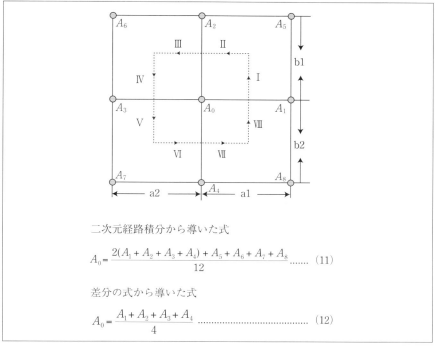

二次元経路積分から導いた式

$$A_0 = \frac{2(A_1 + A_2 + A_3 + A_4) + A_5 + A_6 + A_7 + A_8}{12} \quad \cdots (11)$$

差分の式から導いた式

$$A_0 = \frac{A_1 + A_2 + A_3 + A_4}{4} \quad \cdots (12)$$

〔図7〕同じ透磁率の4個の正方形要素による二次元磁界解析時のベクトルポテンシャル間の関係を示す一次式（電流零と仮定）

によって、連立一次方程式に解がただ1つ存在することになる。

この連立一次方程式の解となるA_kを求め、式 (3) を利用して、任意の場所のベクトルポテンシャルAと磁束密度B、磁界の強さHをもとめることができる。本計算方法は、パラメータ座標を利用する六面体要素で特に経路積分の経路の決定が容易であり、適している。

3－2－3　経路積分を利用した二次元磁界の計算

二次元断面の計算は、未知数が三次元計算と比較すると非常に少なく計算が容易といえる。ここでも、経路積分を利用して、磁界のベクトルポテンシャルを未知数とする連立一次方程式を導くことができる。

ここで注意すべきは、図7に示すように長方形（ただし、簡単な式にするためここでは正方形を使用した。長方形でも同じであることは確認済み）の要素

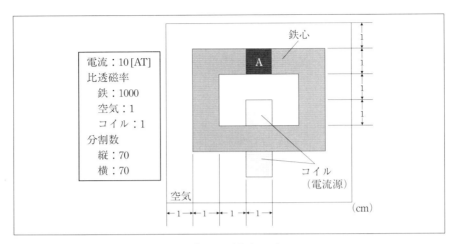

〔図8〕閉磁路鉄心モデル

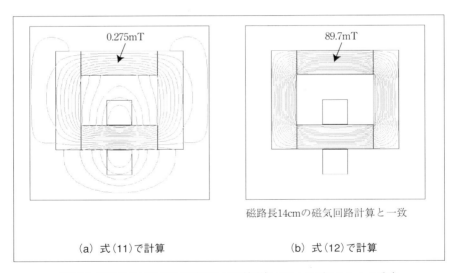

〔図9〕図8のモデルの計算結果を示す等磁気ベクトルポテンシャル分布

をHとして、対角の位置のベクトルポテンシャルを使わない差分の式を用いないと、磁気回路近似から予想される解が得られない（ガラーキン法でも例えば図7のモデルでは、式(11)と同じ式が得られる。理由は今のところ不明であ

る)。なお、直角三角形2つで1つの長方形を表現する二次元の有限要素法でも対角項のポテンシャルの係数は打ち消されて零になるので、差分の式と同じ答を得ることができる。図8に示す額縁状閉磁路鉄心モデルの計算結果を図9に示すが、明らかに式(11)の結果は、磁気回路計算で予想した値と大幅に異なる結果になる。

3－2－4 計算例

(1) 額縁状鉄心の磁界計算

作成した三次元計算プログラムのチェックを兼ねて、図8に示すような鉄心の磁界をガラーキン法と経路積分による方法で計算した結果を表2に示す。図9の二次元磁界計算および磁気回路で予想した値との比較では、ガラーキン法と経路積分法の結果が大きく計算されている。ここでの三次元計算では、鉄心の要素数が少なく、4か所の鉄心角部の平均的な磁路長が短く計算されているためである。

(2) 永久磁石モータでの比較

図10と表3は教材用に販売されている永久磁石モータの横断面図および二次元および三次元(ガラーキン法と経路積分法)の計算で使用した要素分割を示す。図11では二次元計算による等ベクトルポテンシャル分布すなわち磁束の分布図を示す。図12では二次元と三次元の計算結果を比較して示す。モータの軸方向の中央部分断面で比較すると、明らかに固定子鉄心部分で三次元の計算結果がいずれの計算方法でも二次元の結果より高くなっている。磁束は鉄心に集中する傾向があるので、三次元でより高くなると考えられる。本モータは、回転子と固定子を組み合わせた状態では内部の磁束密度分布の測定は困難である

〔表2〕額縁状鉄心の計算結果の比較

計算方法	図8場所Aの磁束密度計算値 (mT)
ガラーキン法	98.1
経路積分法	95.3

注:図8の構成の鉄心について、1cm×1cm×1cmの立方体要素を横方向に7個、縦方向に7個、奥行き方向に5個の計245個の要素で計算した。鉄心の奥行きは、幅と同じ1cmである。境界上の辺のA_kはすべて0の固定境界条件である。計算プログラムは、いずれも当研究室で新しく作成したものを使用した。

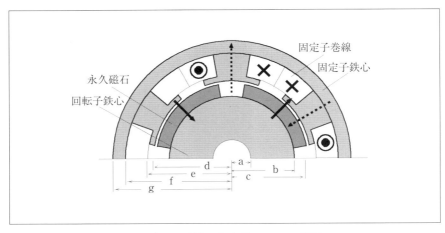

〔図10〕計算対象の永久磁石モータの断面

〔表3〕六面体要素作成のための各部分の等分割数(表の各数字で等分に分割する)

	r方向						θ方向
	6.95~19.9mm 図10 a-b	~26.45 b-c	~27.575 c-d	~30 d-e	~40 e-f	~50 f-g	0~180
三次元	27	8	1	2	8	7	90
二次元	27	8	1	2	8	7	90
	z方向						要素数
	0~19	~23	~53	~27	~76		
三次元	23	5	37	5	23		443610
二次元	—	—	—	—	—		4770

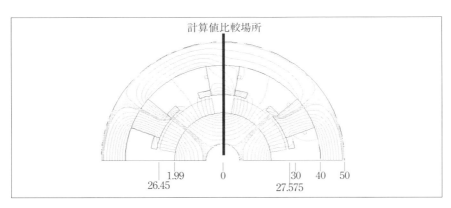

〔図11〕磁気ベクトルポテンシャル分布(二次元磁界計算の結果)

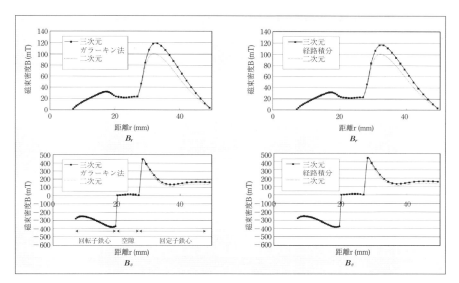

〔図12〕永久磁石モータ（図10・図11）の磁束密度分布計算値を比較した例（三次元ガラーキン法、三次元経路積分法および二次元差分法計算値の比較）

が、回転子と固定子を容易に分離でき、それぞれ単独で磁束密度分布を測定し、三次元計算とよく一致することは確認している。

4．電磁力の計算
4－1　マクスウェル応力の応用

1つの磁性体全体に働いている力を求めるには、マクスウェル応力を使う。磁性体を取り囲む空間の表面 S(m²)に作用するマクスウェル応力 T(N/m²)の面積積分を求めると、磁性体に働く力 F となる。

$$F = \iint_S T \bullet dS \quad \cdots (13)$$

ここで、

$$T = \frac{1}{2\mu}\begin{bmatrix} B_x^2 - B_y^2 - B_z^2 & 2B_xB_y & 2B_xB_z \\ 2B_xB_y & B_y^2 - B_z^2 - B_x^2 2 & B_yB_z \\ 2B_xB_z & 2B_yB_z & B_z^2 - B_x^2 - B_y^2 \end{bmatrix} \cdots (14)$$

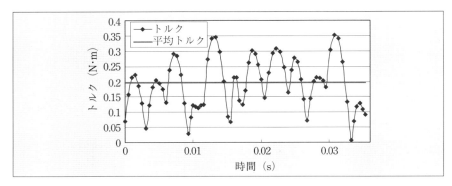

〔図13〕図10に示す永久磁石モータのトルク（一周期分）の計算例

注意すべき点としては、磁界が急激に変化する部分を避け、なるべく磁性体などの表面から離すように計算表面を設定することである。

4－2　回転機のトルク

モータや発電機では、回転方向のトルクの計算が必要である。回転トルクT(N・m)は応力の面積積分としては零であるが、回転子を中心軸の周りに回転させるモーメント（応力×回転中心までの距離$|r|$の回転方向の成分tを面積積分）とみなすことができる。モータなどの電磁力の基本計算であり、マクスウェル応力Tを利用し、以下の式で求める。

$$T = \iint_S |r| t \bullet (T \bullet dS) \quad \cdots\cdots(15)$$

ここで、t：　回転方向の大きさ1のベクトル（無次元）

図10の永久磁石モータのトルクについて計算した例を図13に示す。

この他に、マクスウェル応力と仮想仕事の原理から磁性体の節点に作用する力を求める方法（節点力法）が知られているが、複雑であり、ここでは省略する。

5．おわりに

静電力については、磁界による力から容易に類推できると考え、ここでは説明を省いた。電磁力を求めるには磁束密度分布を求めることが必須であり、磁束密度分布を計算する方法についてオリジナルな内容を含め詳細に説明した。

辺要素有限要素法の検討を始めるに当たっては、日立製作所日立研究所宮田健治氏にご教示いただいた。ここに深謝する。

参考文献
1）Katsubumi Tajima他2：Improvement of the Analytical Model of a Laminated Core Parametric Motor, IEEJ Trans. FM. Vol.128,No.8, pp.527-532,2008
2）高橋：「三次元有限要素法（磁界解析技術の基礎）」，電気学会，2006年8月
3）宮田：「辺要素有限要素法について」，電気学会論文誌C，Vol.124，No.7，pp.1404-1409，2004年
4）昭和電業社：モータ実験装置KENTAC2202取扱説明書及び私信，2004年

3 電磁鋼板に発生する磁歪現象の概要

1．はじめに

　電気機器で発生する電磁振動の要因としてまず挙げられるのは、電極・磁極間の引力・斥力であろう。しかしこれとは異なる振動現象として、鉄心に用いられる電磁鋼板を含む磁性材料の磁歪が存在する。これは磁性材料の磁化の強さが変化することで材料自体の寸法が変化する現象で、交流磁化によって振動が発生する。この現象で鉄心表面が振動して騒音が発生し、問題化する場合がある。この磁歪について、まず磁性体の磁化現象から説明し、電磁鋼板の磁歪特性まで概説する。

2．磁性材料の磁化現象

　磁歪（磁気ひずみ：magnetostriction）の発生メカニズムについては、磁性の発生に遡って説明する必要がある。材料の磁性は、電子の自転（スピン）などによって発生する。これにより1個の原子は、あたかも両端に磁極を持つ磁石のような振る舞いをするため、その性質は磁気モーメントと呼ばれる。鉄に代表される外部磁界で容易に磁化される強磁性体では、原子間にスピンによる交換相互作用が働いて、図1に示すようにそれらの磁気モーメントの向きが自然

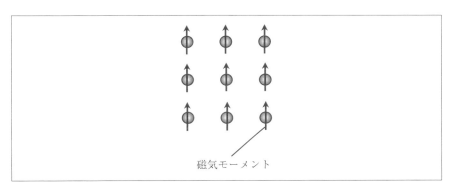

〔図1〕原子の自発磁化

に平行に揃うため、外部磁界がなくても発生する自発磁化を持つ。結晶構造を持つ材料では原子が一定方向に規則的に配列されるため、自発磁化の方向は原子の配列方向すなわち結晶軸方向に対応することになる。これにより結晶磁気異方性が生じる。たとえば体心立方格子となる鉄の結晶では図2に示すように1個の原子位置を頂点とした時、立方体の3辺の方向が最も容易に磁化される方向すなわち磁化容易軸となり、自発磁化方向は図2に示す[100]、[$\bar{1}$00]、[010]、[0$\bar{1}$0]、[001]、[00$\bar{1}$]のいずれかになる。なお、外部から磁化容易軸以外の方向に十分強い磁界を与えた場合には、磁化方向は容易軸からずれて磁界の方向に向く。これを磁化回転と呼ぶ。

　自発磁化を持つ材料では、図3(a)に示すようにその端面に磁極が発生する。また多結晶体であれば結晶粒界にも磁極が発生する。その磁極が発生した面上で任意の2点を設定すると、その2点は同極であるため反発力が働く。これは静磁エネルギと呼ばれる。このエネルギを低下させるため、自発磁化の方向が図3(b)に示すように変化する。ここでは自発磁化の方向が互いに逆向きとなる領域に分けられている。この領域は磁区と呼ばれる。隣接する磁区の端面の極性は逆であるため、静磁エネルギが低下してより安定な状態となる。なお、磁区の境界面は磁壁と呼ばれ、この部分は磁気モーメントが連続的に方向を変えている部分である。より低い静磁エネルギをとるのであれば、磁区の数は増加していき磁区幅は無限に小さくなると考えられるが、磁壁もエネルギを持っ

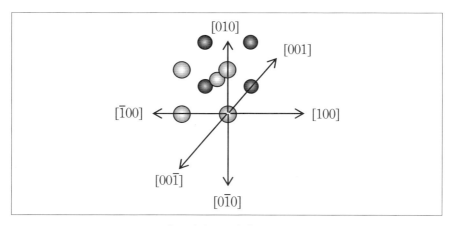

〔図2〕鉄の磁化容易方向

ており、磁壁枚数の増加でエネルギが高くなるので、静磁エネルギとのバランスが磁区の数を有限とする原因となっている。

材料に磁化容易方向が複数あればそのいずれの方向へも磁化を持つ磁区が発生しうると考えられるが、実際は材料の形状によってとりうる方向が限られる。それを示す例として、薄板材料で磁化容易方向が板面平行方向と垂直方向に向いている場合を考える。この場合、垂直方向に磁化が向くと、板表面に磁極が発生するが、それによって板内に磁化の反対方向の強い反磁界が発生し、結局磁化が困難となる。よって薄板材料では、一般的には板面平行方向に近い磁化容易方向の磁区が優先的に発生する。これを形状磁気異方性という。

以上の説明に基づき、鉄を例にして材料が磁化されていく過程を述べると以下のようになる。材料に磁化が発生していない状態を消磁状態というが、実際には内部は磁化容易方向に飽和磁化を持つ磁区によって構成され、それらの磁化方向は6種類の磁化容易方向の中で材料全体の磁気エネルギを最小にする方向をとっている。この状態で外部磁界を与えていくとそのエネルギによって、磁界方向に近い磁化を持つ磁区の体積が増加し、その代わりに他の磁区は減少していく。これによって材料全体で見ると磁化が進展していくことになる。さらに磁界を強めて磁区構造変化による磁化の増加が限界に近づくと、磁化容易方向と磁界方向が異なる場合には磁化回転が発生し始め、最終的にはすべての磁気モーメントが磁界方向に向いて材料としての飽和磁化に至る。以上からわかるように、鉄の外部磁界による磁化は、磁区構造の変化が主な因子であることがわかる。

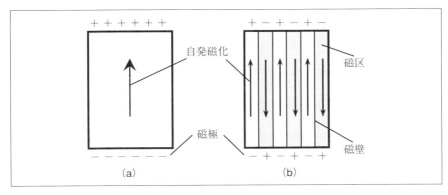

〔図3〕磁区構造

3. 磁歪現象

　交換相互作用によって磁気モーメントの向きが揃った状態では、エネルギをより低下させるための現象として原子間距離の変化が現われる。これは隣接する原子のスピンの相互関係で決まり、例えば図4(a)に示すように自発磁化の方向で原子間距離が小さくなる場合、その直交方向では原子間距離が長くなる現象となる。材料に外部磁界が与えられて磁気モーメントの方向に変化が起きると、図4(b)に示すようにこの原子間距離の長短の方向も変化し、これが材料の寸法の変化として現われる。この現象を磁歪と呼ぶ。

　ある材料で磁化変化によって生じた変形量を$\delta\ell$とする時、磁歪λは式(1)で表わされる。

$$\lambda = \frac{\delta\ell}{\ell} \quad \cdots\cdots\cdots\cdots\cdots\cdots\cdots\cdots\cdots\cdots\cdots\cdots\cdots\cdots\cdots(1)$$

　ここで、ℓは変形量観察方向での磁化変化前の材料長さである。磁歪は一般的に10^{-6}前後のオーダーとなる。例えば1mの材料に1×10^{-6}の磁歪が生じた場合は、実際の変位は$1\mu m$となる。

　理想的な消磁状態から特定の結晶軸方向に磁化されて飽和に至った時の磁歪は材料固有の値をとるが、これを磁歪定数と言う。たとえば鉄の場合、磁化容易方向<001>での磁歪定数は約20×10^{-6}で、磁化方向に伸びが発生する。なお、材料の種類、成分や磁化方向によって磁歪定数は変化し、伸びる場合と縮む場合がある。

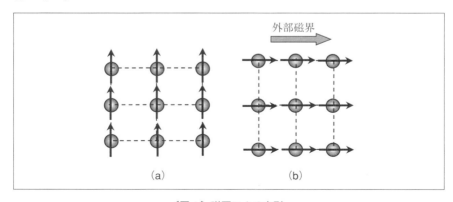

〔図4〕磁歪による変形

上記の磁歪現象は材料の磁化変化によって歪が変化するものであるが、この因果関係が逆となる現象もまた存在する。すなわち、材料に応力が与えられて歪が発生した時、磁化がその歪に応じた方向をとる現象である。これを磁歪の逆効果と呼ぶ。たとえば鉄の場合、1つの磁化容易方向に引っ張って歪を生じさせると、他の磁化容易方向に磁化成分を持つ磁区は引っ張られた方向に磁化方向を変える。

　交流励磁では、磁界の連続変化による材料の磁化変化に従った磁歪変化となる。ただし、磁界や磁化は方向を持つベクトルであるため、交流の正負でその方向が反転するが、磁歪は単なる伸びあるいは縮みであるため、磁界や磁化の方向が反転しても再度同じ伸びあるいは縮みを繰り返すのみとなる。よって磁歪振動は励磁周波数の2倍となる。

4．電磁鋼板の磁歪現象と特性
4－1　電磁鋼板の概要
　電磁鋼板は鉄の強磁性を利用するもので、主にモータやトランスなどの電気機器の鉄心として使用される。最も重要な材料特性は機器の効率に影響を与える鉄損で、これは交流励磁時に鋼板中に発生する損失である。使用条件は商用周波数以下から数十KHz程度までが主となる。そのために鋼板内に誘起される電圧で発生する、鉄損の一部を成すうず電流損を減少させる目的で、固有抵抗を高くする元素を含有させる場合があり、けい素を3%程度含ませたものが多く製造されている。このためけい素鋼板と呼ばれる場合がある。また、うず電流損は板厚の2乗に比例するため、板厚は薄いほうが望ましく、一般的に0.15mmから0.5mmとなっている。

　電磁鋼板が機器の鉄心として使用される場合は、断面積を確保するために積層されて用いられる。この時に鋼板間に導通があると多大なうず電流損が発生するため、鋼板両面に絶縁コーティングが施されている。この絶縁コーティングは数μmの厚みである。

　電磁鋼板の主要な分類として、無方向性と方向性がある。無方向性電磁鋼板は比較的小さい結晶で構成され、それらの結晶軸の方位がそろっていないため、どのような方向に磁化された場合でも磁気特性に大差は生じない。この特性は電磁鋼板が円状やリング状に抜き加工されて使用されるモータなどの回転機に適する。方向性電磁鋼板は特殊な製造条件を用いて結晶軸を材料製造時の圧延

方向に沿った一方向に揃えたもので、その方向に磁化された時に良好な磁気特性を発揮する。この特性を活用するため、主にトランス用途として、圧延方向に切り出して組み合わせたり、巻き取ったりして製造される鉄心として使用される。

4－2　磁歪の測定・評価方法

　電磁鋼板の磁歪測定方法については現状では規格は定められていないが、大学や電磁鋼板メーカで測定装置が試作され、実用化までされている。方法としてはサイズが100mm×500mmなどの1枚のサンプルをコイルに挿入して交流で励磁し、長さの変化を磁歪として振動計で測定するものが多い。その方法として最近はレーザ振動計を使用する例が多い。また、サンプルに歪ゲージを貼り付けて測定する方法も用いられている。ただしこの方法では歪ゲージのサイズに応じて測定領域が限定されるため、材料が均質でなければ測定場所によるバラツキが生じることになる。

　励磁の周波数と波形は使用される電気機器に対応させることが望ましいが、50Hz、60Hzの正弦波で測定されることが多い。ただし電磁鋼板の磁歪波形は高調波を含む場合が多いため、振動検出は1kHz以上まで行う必要がある。

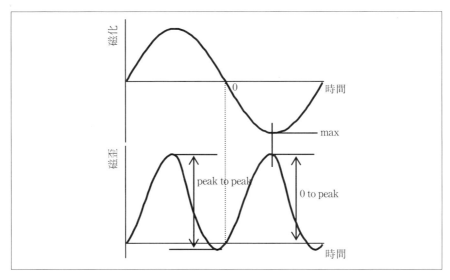

〔図5〕磁歪測定値

特性としては最大磁化を何点か設定して測定されることが多く、実際に機器で使用される1Tから2Tの間で評価されることが多い。振動の評価方法は図5に示すように、波形の振幅であるpeak to peak値に加えて、磁化0の時点を基準とした最大磁化時点の変位である0 to peak値も用いられる。また最近では磁歪をより騒音に近い形で評価するために[1]、式（2）で計算される磁歪速度レベルを用いることも多い。

$$L_{vA} = 20 log_{10} \frac{\sqrt{\sum_i \left(\rho c * 2\pi f_i * \lambda_i / \sqrt{2} * \alpha_i\right)^2}}{P_{e0}} \quad \ldots\ldots\ldots (2)$$

ここで、L_{vA}は磁歪速度レベル（dBA）、ρcは音響固有抵抗（=400）、f_iは高調波成分の周波数（Hz）、λ_iは磁歪の周波数f_iの成分、α_iはA特性補正係数、P_{e0}は最小可聴音圧（=$2*10^{-5}$(Pa)）である。

この方法の概要は、振動波形をFFTして得た各周波数成分を速度に変換することで音圧に対応させ、ヒトの聴力の周波数特性を模擬したA特性で補正した後、実効値計算して基準音圧で正規化するものである。これは磁歪速度レベルと呼ばれている。

4－3 無方向性電磁鋼板の磁歪

無方向性電磁鋼板（non-oriented electrical steel）は多結晶体でその軸方向を特定方向にそろえていないため、磁区の自発磁化方向も一定していない。これに

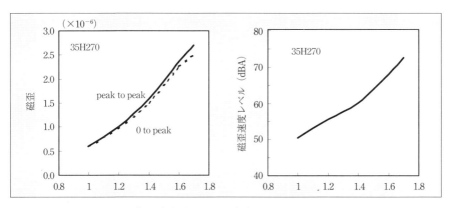

〔図6〕無方向性電磁鋼板の磁歪特性例

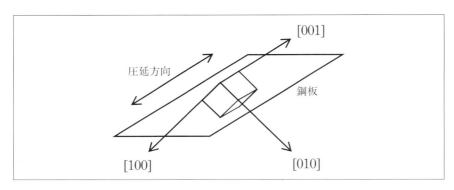

〔図7〕方向性電磁鋼板の結晶軸方向

外部から磁界を印加して鋼板を磁化していくと、全磁区の内で磁化方向が外部磁界方向に近いものの体積が増していき、その代わりに他の磁区が減少していく。鉄の磁歪定数は正であるため、磁区は自発磁化方向に伸びているが、前記のような磁区構造変化が起きるため、無方向性電磁鋼板は外部磁界の方向すなわち磁化される方向に伸びていく。図6に50Hzで励磁した場合の磁歪特性の一例を示すが、(a)が0 to peakとpeak to peak、(b)が磁歪速度レベルである。

4―4 方向性電磁鋼板の磁歪[2]

方向性電磁鋼板（grain-oriented electrical steel）も多結晶体であるが、その軸方向をそろえるように特殊な製造方法がとられる。その結果、図7に示すように各結晶粒の[001]軸が製造時の圧延方向すなわち鋼板の長手方向にほぼそろう。一方、他の[100]軸と[010]軸は圧延のほぼ直角方向でかつ板面にほぼ45°の角度となる。このような結晶構造とすることで、圧延方向に励磁した時に優れた磁気特性、すなわち低い鉄損や磁化されやすさである高透磁率が実現される。

磁区構造については形状磁気異方性によって、図8に示すように圧延方向である[001]方向または[00$\bar{1}$]方向の磁化成分を持つ磁区が主要となる。これを主磁区と呼ぶ。これに外部から圧延方向に磁界を印加していくと、磁界の方向に自発磁化方向が近いいずれかの磁区がもう一方の磁区を侵食していくことで磁化が進んでいく。磁歪については、いずれの磁区でも伸びの方向は同じなので0となる。しかし工業的に製造された製品では圧延方向と[001]軸を完全に一致させることは困難で、方向に多少のずれが生じている。このような場合、鋼板

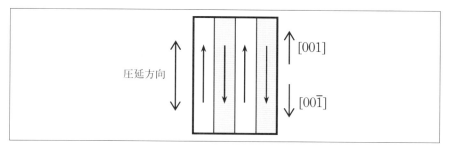

〔図8〕方向性電磁鋼板の磁区構造

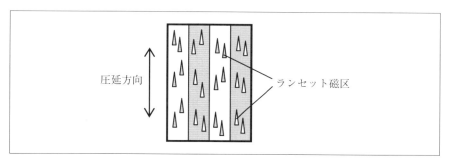

〔図9〕結晶方位にずれのある方向性電磁鋼板の磁区構造

表面にわずかな磁極が生じ、静磁エネルギが上昇する。このエネルギを低下させるために図9に示す小さな三角形状の磁区、いわゆるランセット磁区が発生する。ランセット磁区の極性は周囲と逆極性になり、その下部には[100]、[$\bar{1}$00]、[010]、[0$\bar{1}$0]のいずれかの方位を持つ磁区が連結している。すなわち、鋼板を貫通し、板面垂直方向に自発磁化成分を持つ磁区が発生して、[001]軸のずれで生じた磁極による静磁エネルギを逆極性で低下させる。

これに外部から磁界を印加して磁化させていくと、[001]方向と[00$\bar{1}$]方向の主磁区の体積バランスが変化していくため、鋼板表面での面積のバランスも変化していく。そのため、表面磁極のアンバランスが発生してさらに静磁エネルギが増すため、ランセット磁区数が増加していく。しかしさらに磁界を強めていった段階では、[100]、[$\bar{1}$00]、[010]、[0$\bar{1}$0]方向は磁界に直交するので、磁界のエネルギでそれらの磁区は逆に減少していき、最終的にはそれらはすべて消滅して飽和磁化に至る。

この現象を磁歪で示すと図10のようになる。消磁状態Aから磁化が進むと、鋼板面に垂直方向に伸びる成分を持つ[100]、[$\bar{1}$00]、[010]、[0$\bar{1}$0]の磁区が増加するため、鋼板の長さが縮む。これが区間Bである。さらに磁化が進むと逆に前記の磁区は減少していくため、縮み量が減少していき、伸びに転じる。これが区間Cである。これが一般的な方向性電磁鋼板の磁歪挙動である。なおこのような現象が起きても、方向性電磁鋼板の磁歪は無方向性電磁鋼板よりも小さく、低振動・低騒音化を実現できる。

　以上のように方向性電磁鋼板では板面垂直方向に磁化成分を持つ磁区が磁歪

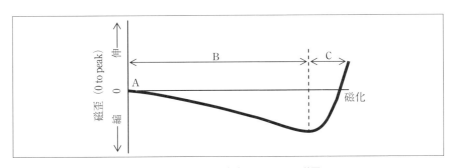

〔図10〕方向性電磁鋼板の0 to peak磁歪

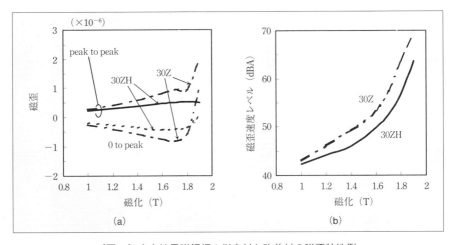

〔図11〕方向性電磁鋼板の従来材と改善材の磁歪特性例

の原因となるため、圧延方向の磁歪を減少させるためにはこれを減らすことが必要となる。そのためには圧延方向と[001]軸の間のずれ角を低減させる、すなわち結晶方位集積度を向上させることが有効である。これを実現したものとして、従来品30Zのずれ角7°に対して、ずれ角を3°に低減したオリエントコア・ハイビー®30ZHがある。これらの磁歪特性の例を図11に示すが、(a)が0 to peakとpeak to peak、(b)が磁歪速度レベルである。

次に、方向性電磁鋼板の磁歪に影響を与える外部要因について述べる。鋼板の圧延方向に圧縮力をかけると磁歪の逆効果で板面垂直方向に自発磁化成分を持つ磁区が多量に発生する。その状態で圧延方向に磁界をかけていくとその磁区が減少するため、圧延方向に大きな伸びの磁歪が発生してしまう。実際に圧縮力をかけて測定された磁歪特性の例を図12に示す。また、鋼板を塑性あるいは弾性変形させて局部的に圧縮力が発生した場合は、その部分で前記と同様の現象が発生する。従って、方向性電磁鋼板を使用する際は圧縮力や変形を避ける必要がある。

以上は圧延方向に外部磁界をかける場合について述べたが、それ以外の方向に磁界をかけて磁化した場合は、板面垂直方向に自発磁化成分を持つ磁区の発

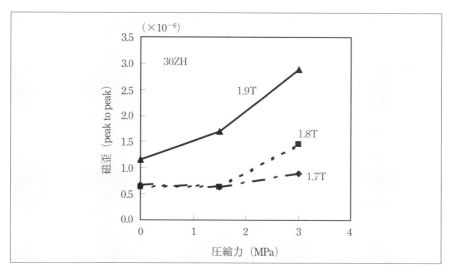

〔図12〕方向性電磁鋼板の圧延方向圧縮下での磁歪特性例

生や消滅が激しくなり、場合によっては無方向性電磁鋼板よりも磁歪が大きくなることがあるので、そのような使用はさけるのが望ましい。

5．おわりに

　まず磁性材料の磁化メカニズムと磁歪現象について概説し、電磁鋼板の磁歪について測定法と特性などを説明した。磁歪現象は磁性理論に基づいて説明されるが、本稿はその一部を簡単に説明したに過ぎない。より詳細な内容を知りたい方は、参考文献[3～5]などを参照されたい。

参考文献

1) E. Reiplinger : "Assessment of grain-oriented transformer sheets with respect to transformer noise", Journal of Magnetism and Magnetic Materials, 21, 257-261 (1980)
2) 新井聡：「電磁鋼板の補助磁区構造と磁区制御技術について」, 日本応用磁気学会誌, 25, 12, 1612-1618 (2001)
3) 近角聰信：「強磁性体の物理（上）（下）」, 裳華房
4) 大田惠造：「磁気工学の基礎Ⅰ,Ⅱ」, 共立出版
5) 電気学会マグネティックス技術委員会：「磁気工学の基礎と応用」, コロナ社

4 電磁鋼板の振動と変圧器鉄心の騒音

1. はじめに

　電気機器において特に振動騒音が問題になる事例として変圧器の騒音が挙げられる。近年では特に変電所などの周辺における騒音防止の観点から変圧器の騒音低減が要請され、変圧器の鉄心材料に用いられる方向性電磁鋼板に対しても低騒音化への対応が求められている。そのため、変圧器の設計においても、また主たる鉄心材料である電磁鋼板においてもさまざまな技術開発が行われている。

　変圧器鉄心の騒音は主として鉄心素材における磁歪振動および鉄心材接合部における電磁振動に起因するものと考えられているが、従来主に磁歪による振動との関連において議論されてきた[1~3]。変圧器鉄心から発生する騒音に対する材料の影響と騒音の機構に関して実験[4]およびその結果についての考察を述べる。

2. 磁歪振動
2—1 変圧器鉄心における磁歪振動

　磁歪（磁気ひずみ）とは、磁性材料を磁化させたときにその長さや体積が変化する現象である。磁化が消失した状態を基準として、磁性体単結晶が一様に磁化された場合の磁性体長さの変化を磁歪定数と呼ぶが、これは化学組成のみならず結晶方位に対する磁化の方向にも依存する。さらに、磁性体はその内部に磁区と呼ぶ構造があり、それぞれの磁区ごとに磁化の方向が異なる。そのため、磁性体全体に現れる磁歪は、磁性体を構成する結晶粒組織、磁化の方向と大きさにより複雑に変化する。

　変圧器の鉄心のように交流磁化される場合には、鋼板の磁歪も磁化に応じて周期的に変化するために鋼板内に振動が発生し、鉄心の振動を誘起するという機構が考えられる。変圧器のような交流機器では、通常は磁化の変化に対して生じる磁歪の変化分が問題とされるため、磁歪は以降この変化分の意味で用いる。

2—2 電磁鋼板の磁歪

　変圧器鉄心に用いられる方向性電磁鋼板（方向性けい素鋼板）は、結晶粒の方位が高度に揃えられており、特に圧延方向に磁化された場合にはきわめて優れた磁化特性と鉄損（交流磁化された場合に発生する磁気エネルギーの損失）を示す。同時に、圧延方向の磁歪は無方向性の鋼板（モータ鉄心などに使用される無方向性電磁鋼板がその例である）に比べて格段に小さくなる。変圧器の鉄心に組み上げられた場合、鉄心材はほぼ圧延方向に磁化されるために、方向性電磁鋼板の優れた低磁歪特性を生かすことができる。しかし、結晶粒の配向は完全ではないため、通常10^{-6}（鋼板の長さ1mにつき1μm）のオーダーの大きさの磁歪が発生する。

　方向性電磁鋼板の磁歪は、磁化方向が圧延方向に一致しない場合、鋼板内部の磁化に不均一が存在する場合、鋼板に塑性歪が存在する場合、鋼板に圧縮応力が働く場合などには、一般に増加する傾向がある。変圧器の鉄心内部では、磁化方向が圧延方向に一致しない部分や磁束密度の不均一な部分が存在し、鋼板の加工による塑性歪や、鉄心の自重や締付けにより働く応力など、磁歪が増大する要因が存在している。

　この磁歪を抑制するためには、材料面では方向性電磁鋼板の結晶粒方位を一方向にできる限り揃えることが重要である。また、磁化方向はマクロに見れば巻線により印加された外部境界の方向になるが、磁性体内部では結晶粒組織を反映して非常に複雑な磁区構造が生じているために、ミクロに見れば極めて複雑な動きをすることになる。そのため、電磁鋼板の結晶粒組織や鋼板内部の応力状態を適切に制御して磁区構造を安定化させることも重要になる。

　一方、磁歪定数自体をゼロにする材料として、高けい素鋼板が挙げられる。これは従来の方向性電磁鋼板における3％前後のけい素Si添加に代えて6.5％Siを含有させることにより磁歪ゼロとした電磁鋼板で、スーパーコアとして商品化されている。無方向性材ではあるが、圧延方向においても優れた鉄損と無磁歪の特性を示す。

3．鉄心の電磁振動
3—1 鉄心の接合部における磁束の流れ

　変圧器の鉄心は、大きく積鉄心と巻鉄心に分類される。

　積鉄心では、切断した方向性電磁鋼板が閉磁路を作るように積層されるため、

必ず鋼板の接合箇所が存在する。この接合箇所には隙間（エアギャップ）が生じ、透磁率が著しく低い部分が磁気回路中に存在することになる。鉄心が励磁された場合には、鉄心内部の磁束の流れがここで阻害されることになるが、そのような場所には磁極が発生する。

　この接合箇所が積層間で同じ場所にある場合（バット接合）には励磁特性が低くなり、励磁電流の増加をもたらす。このため、通常は鋼板の接合箇所を数枚おきにずらす処置（ラップ接合）がとられる。このようにすると、エアギャップ部に当たった磁束は隣接する積層に移行し、移行した先の積層のエアギャップ部でまた元の積層に戻ることになり、磁束の流れがスムーズになるため、エアギャップ部での磁極の発生はバット接合に比べて大幅に減少する。さらに接合箇所を階段状に数か所に分散させることにより、この効果を増強させることができる（ステップラップ接合）。上記の接合方式と、磁束の流れの状況を図1に示す。

　巻鉄心では接合のないトロイダルコア（1本の電磁鋼帯を単純に巻き込んだ鉄心）もあるが、電力用変圧器などでは、1巻ずつ切断し、数枚ごとに接合箇所を数段にずらして巻き込むステップラップ接合が一般的である。

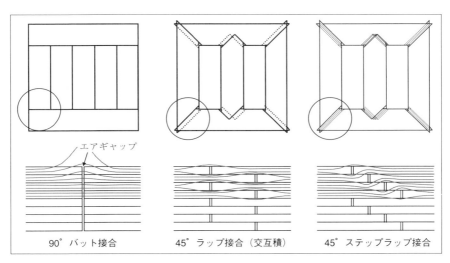

〔図1〕各種の接合方法と磁束の流れ（断面上半部）の模式図

3—2 鉄心接合部における電磁振動

上述のラップ接合ではバット接合に比べて格段に発生磁極は減少するが、その場合でもエアギャップにおける磁極は無視できない。エアギャップの両側には正負の磁極（N極／S極）がペアで発生するため、同一積層内のエアギャップの両側の鋼板間で磁気吸引力が働く。また、磁極から発生する磁界は、別々の積層で発生した磁極間にも働くと考えられる。この場合には引力と斥力の両方が考えられる。交流磁化の場合には、磁極は磁化の変化に応じて周期的に発生するために、磁気力が積層鋼板を加振することになる。積層鋼板においては、他にも鋼板表面や結晶粒界にも磁極が発生し、交流磁化とともに同様の機構で磁気力が周期的に積層間に働いている可能性が考えられる。

4. 積鉄心における振動・騒音の実測例
4—1 積鉄心表面における漏洩磁界の分布

以下の測定は図2に示す小型のモデル変圧器を用いて行った。図3は、0.30mm厚の方向性電磁鋼板をステップラップ接合により積層した積鉄心（図2（b））を用いて、鉄心の締付けなしで1.7T、50Hzで励磁し、鉄心のヨーク部表面の磁界強度を測定した結果を示す。磁界強度の3方向の成分をそれぞれマ

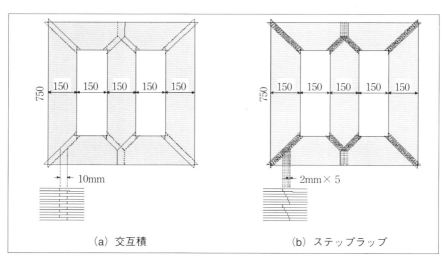

（a）交互積　　　　　　　　　　（b）ステップラップ

〔図2〕使用したモデル鉄心の形状

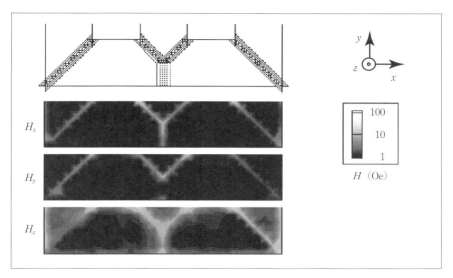

〔図3〕モデル鉄心ヨーク部表面における磁界の分布

ッピングした。漏洩磁界は脚とヨークの接合部分に集中しており、特に面垂直成分が最も強度が強いことがわかる。鉄心表面の状況と、積層内部の状況は異なるが、接合部に発生した磁極がこの漏洩磁界の発生に最も強い影響を与えていると考えられる。

4-2 積鉄心表面における振動の分布

上記の方向性電磁鋼板をステップラップおよび交互積（図2）の積層方法により積層し、1.7T、50Hzで励磁した場合のヨーク部分表面の振動加速度レベルの面垂直成分の分布を測定した。その結果を図4に示す。この図から明らかに脚とヨークの接合箇所での振動が大きいことがわかる。ヨークの接合箇所から離れた部分では接合箇所よりも10dB程度低い値を示している。接合方式間で比較すると、ステップラップ接合よりも交互積接合の場合に全体の振動強度が強く、特に接合箇所での振動が強い傾向があることが知られる。

図3に示した鉄心表面の磁界分布のうち最も強度の強い面垂直成分は、この振動加速度分布とよく一致した分布を示す。そのため、ここで観測された鉄心振動は、接合部に集中的に発生する磁極によるものが主体であろうと推測される。

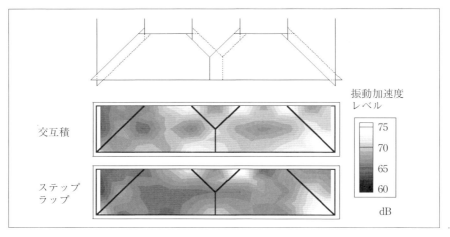

〔図4〕モデル鉄心ヨーク部における振動加速度レベルの分布

5. 騒音に及ぼす鉄心締付圧の影響
5-1 締付圧による騒音の変化

上述の結果はすべて鉄心に対する加圧のない状態で測定したものであるが、鉄心締付圧は騒音に強い影響を及ぼすと考えられる。この影響を把握するために、ヨーク部分に一様な面圧を加えて騒音レベルを測定した。騒音レベルの測定にはJIS規定の精密騒音計を用い、A特性音圧レベルを用いた。A特性（Aスケール）とは、人間の聴覚の周波数特性に合わせて規定された重み付けの方法である。

図5に交互積とステップラップにより積層したモデル鉄心の騒音レベルの測定結果を示す。いずれの場合にも0.05MPaの面圧で騒音レベルは最小値をとり、さらに大きい面圧では再び増大する傾向となる。ただし、ステップラップの場合には、最小値を経た後には騒音レベルはあまり増加しない傾向がある。

5-2 鉄心締付圧の変化における騒音機構

鉄心締付圧の変化は、騒音の大きさだけでなく、騒音の音質にも影響を与える。図6は締付圧0の場合と、0.15MPaの締付圧を与えた場合における騒音の周波数特性を示す。ここに示した音圧スペクトルは、フラットスケールで測定した音圧の周波数成分を表わしている。0.15MPaの締付圧の印加により、300Hzの成分が増加しているのに対して、数百Hz以上の高周波成分は減少して

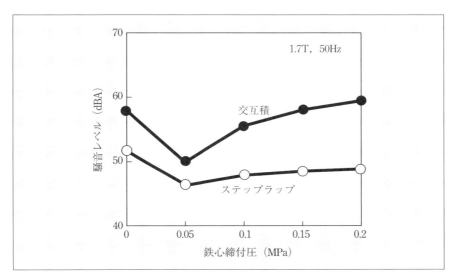

〔図5〕モデル鉄心騒音レベルの締付圧による変化

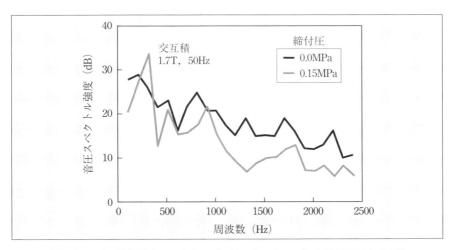

〔図6〕モデル鉄心騒音スペクトル（フラットスケール）の締付圧による変化

いることがわかる。また、締付圧を印加した状態では、300Hz、900Hzなど特定の周波数に集中する傾向がある。

このような騒音レベルの鉄心締付圧依存性については、一つの仮説として次のように考えることができるだろう。締付けのない状態では接合部での磁気吸引力などの加振力を受けて鋼板が比較的自由に単独で振動しやすい状態となっているのに対し、鉄心に締付けを与えた場合には、まずこのような自由な振動が抑制されて騒音レベルが低下し、さらに締付けを強めた場合には鉄心が一体化して剛性を増すために特定の共振モードに高調波成分が一致した場合には騒音が増大する結果となると推定される。その際、接合部を中心とした鋼板間の磁気吸引力による振動は抑制されるが、鋼板内部に生じる磁歪はむしろ鉄心外部にまで伝播しやすい状態になっていると考えられる。
　しかし、磁歪振動と磁気吸引力による振動とは時間的・空間的に明確に分離することが困難であるので、それぞれの寄与の正確な定量にはさらに精密な測定が必要と考えられる。

6．変圧器騒音に及ぼす素材特性の影響
6－1　磁歪の周波数スペクトル強度
　0.23mm厚および0.30mm厚の方向性電磁鋼板の磁歪peak-to-peak値（図7参照）を励磁磁束密度の関数として図8に示す。素材磁束密度B_8の高いJGSの方が、磁歪が全体として小さい値を示すことがわかる。ここでB_8は800A/m（50Hz）の磁界中における鋼板の磁束密度を示し、鋼板の結晶粒方位の配向性が良好となるほど高い値を示す。
　しかしこのデータは50Hzで励磁されたときの磁歪の最大振幅を表わすため、人間の耳に特に感知されやすい数百Hz以上の周波数成分の多少は不明である。そのため、磁歪の時間波形を直接周波数解析することにより、磁歪の周波数特性を求めた。0.30mm厚の方向性電磁鋼板の磁歪高調波成分のスペクトル強度を図9に示す。B_8の低いJGHに比べてB_8が高いJGSの周波数成分の強度が小さく、特に400Hz～1200Hzのレンジでは、JGSはJGHに比べ、ほぼ1/2以下の値を示していることがわかる。

6－2　磁歪振動の加速度成分
　さらに、このような磁歪の各周波数成分により引き起こされた振動が変圧器騒音の一つの原因になっていると考える立場から、式(1)によって1.7T、50Hz励磁での磁歪振動の加速度成分を周波数ごとに計算した結果を図10に示す。

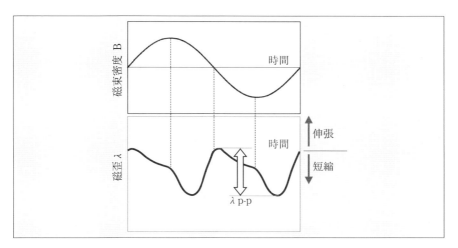

〔図7〕磁束密度と磁歪の時間波形の模式図

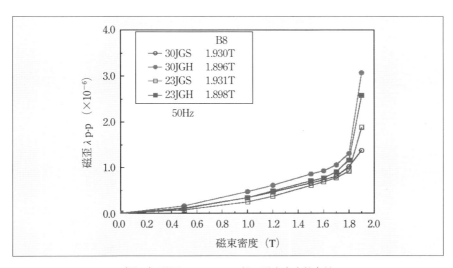

〔図8〕磁歪peak-to-peak値の磁束密度依存性

$$a_n = (2\pi)^2 f_n^2 \lambda_n \gamma_n \quad \cdots\cdots\cdots(1)$$

ここで、a_nはA特性を考慮した磁歪振動加速度成分、f_nはn次高調波の周波数、λ_nはn次の磁歪高調波成分、γ_nはA特性補正係数、nは高調波の次数であり、

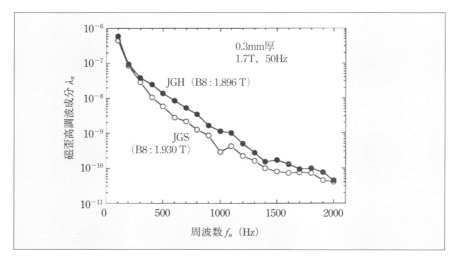

〔図9〕磁歪高調波成分のスペクトル

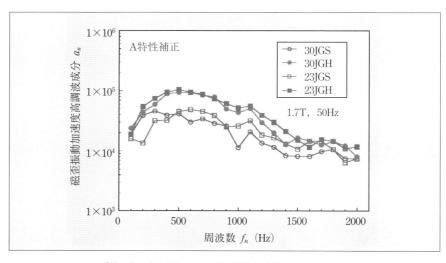

〔図10〕A特性補正した磁歪振動加速度のスペクトル

50Hzで励磁した場合、基本波f_1は100Hzに相当する。

磁歪高調波成分強度を反映して、JGSの音圧スペクトル強度は、ほとんどす

べての周波数においてJGHよりも低減されているが、特に最大強度となる500Hz付近での低減が著しい。

この磁歪振動加速度成分を式(2)によりエネルギー積分して、A特性を考慮した磁歪振動加速度レベルを求める。

$$P_a = 20 \cdot \log\left[(\Sigma_n a_n^2)^{1/2}/p_{a0}\right] \cdots\cdots\cdots(2)$$

ここで、基準値p_{a0}には10^{-5}の値を用いた。0.23mm厚の素材に対して、上記の磁歪振動加速度レベルの値と、ステップラップ接合により積層したモデル鉄心による騒音実測値とを比較した結果を図11に示す。磁歪調波成分から評価した磁歪振動加速度レベルは、実測騒音レベルと良い相関を示す。

6—3 磁歪振動と騒音の関係について

上述のように、磁歪振動加速度レベルがモデル変圧器で実測した騒音レベルとよく相関することが示されたが、音圧が振動速度に比例するとの考え方に基づいて提案されている磁歪振動速度[4]を用いた場合よりも相関はやや良好となっている。

この原因としては、鋼板の振動から鉄心振動への応答が周波数に依存するほか、ある程度以上複雑な3次元的振動体の場合には、振動体の速度に比例する場合の前提である平面波近似が成り立ちにくくなることが挙げられる。たとえ

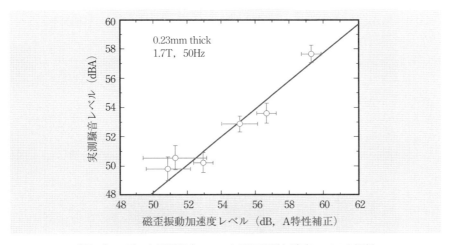

〔図11〕モデル変圧器騒音レベルと磁歪振動加速度レベルの関係

ば、ダイナミックスピーカの正面における音圧は振動板の加速度にほぼ比例する[5]。一般に多重極音源から発生する音響出力は振動周波数の高次成分がより強く影響し、双極音源の場合には振動加速度が対応することから、鉄心の振動状態がそれに近い状況にあったのではないかと考えられる。このような周波数依存性は変圧器鉄心の構造やサイズにも強く依存すると考えられる。

7．おわりに

　以上、変圧器鉄心から発生する騒音と鉄心材料である方向性電磁鋼板の磁歪特性との関係に関する実験およびそれに関する考察の一端を述べた。

参考文献

1）電気学会編：「けい素鋼板の磁気ひずみと変圧器鉄心の騒音」，電気学会技術報告（I）部第101号，1971年
2）堀康郎：「最近の変電機器の低振動，低騒音化技術」，電気学会論文誌B，Vol.115，No.2,pp.101-104，1995年
3）中田高義，石原好之，中野正典：「磁気ひずみに含まれる高調波成分に及ぼす諸因子の検討」，電気学会マグネティックス研究会資料MAG-79-24，1979年
4）石田昌義，佐藤圭司，小松原道郎：「3相積鉄心モデルトランス騒音に及ぼす素材・鉄心構造および鉄心締め付け圧の影響」，電気学会マグネティックス研究会資料MAG-95-20，1995年
5）T. Yamaji, M. Abe, Y. Takada, K. Okada, T. Hiratani："Magnetic properties and workability of 6.5% silicon steel sheet manufactured in continuoussiliconizing line"，J. Magn. Magn. Mater., Vol.133, pp. 187-189, 1994
6）E. Reiplinger："Assessment of grain-oriented transformer sheets with respect to transformer noise"，J. Magn. Magn. Mater., Vol.21, pp.257-261, 1980
7）城戸健一編著：「基礎音響工学」日本音響学会，pp.87-90，1990年

5 電磁力による変圧器鉄心の振動・騒音

1. はじめに

　電力系統の各所には電圧を変換したり、送電線による電圧降下を補償するため、変圧器が用いられている。発電機で発生した電圧は変圧器により昇圧され、送電線に送られる。送電線では電線の抵抗による電力損失を減らすために電圧を高く、電流を低くして需要家の近くまで送られる。需要家の近くになると、電圧を下げ、一般家庭向けでは100Vにまで降圧される。このように、変圧器は送電線の各場所で、電圧を上げたり下げたりする役割を担っている。それぞれの変圧器は決められた電圧で24時間休みなく、使用されている。変圧器は鉄心の磁気ひずみを主原因として振動し騒音を発生する。これまで変圧器の騒音を低減するために各種の技術開発が行われている[1]。
　ここでは、変圧器の振動・騒音の発生原理、伝達経路、振動騒音の低減法などについて解説する。

2. 変圧器の構造

　図1に一般的な油入り変圧器の構造を示す。タンクの中には鉄心が絶縁油と

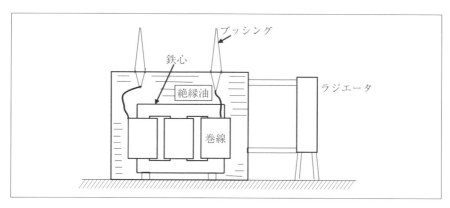

〔図1〕油入り変圧器の構造

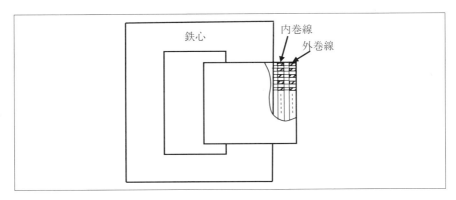

〔図2〕鉄心と巻線

ともに入っている。鉄心は磁気回路を構成し、巻線による磁束を通すようになっている。絶縁油は巻線にかかる高い電圧でも絶縁破壊が発生しないようにしている。また、鉄心および巻線から発生する熱を外部に運ぶ役割も担っている。ラジエータは絶縁油により、運ばれた熱を空気と熱交換している。絶縁油は自然対流あるいはポンプによる強制対流でラジエータと変圧器タンクの間を行き来している。また、ラジエータの熱は自然冷却あるいは、ファンによる強制冷却により、大気中に放出される。図2に鉄心と巻線を示す。一次巻線に電圧が加わると励磁電流が流れ、鉄心中には式（1）に示す磁束が発生する。

$$V_1 = n\frac{\partial \phi}{\partial t} \quad \cdots\cdots\cdots\cdots\cdots\cdots\cdots\cdots\cdots\cdots\cdots\cdots\cdots\cdots (1)$$

ここに　V：1次電圧　　n：巻数　　ϕ：磁束

2次側の巻線に負荷電流が流れると、1次側の巻線には負荷電流による磁束の増加分を打ち消すように電流が流れる。このため、鉄心中の磁束は変化しない。1次・2次の電圧・電流の関係は式(2)に示す。

$$V_1 I_1 = V_2 I_2 \quad \cdots\cdots\cdots\cdots\cdots\cdots\cdots\cdots\cdots\cdots\cdots\cdots\cdots\cdots (2)$$

3．騒音の種類と振動伝達経路

　変圧器の騒音の原因を図3に示す。主原因は鉄心の振動で、他には冷却用の

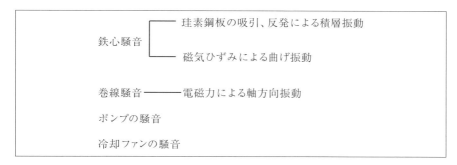

〔図3〕変圧器騒音の原因

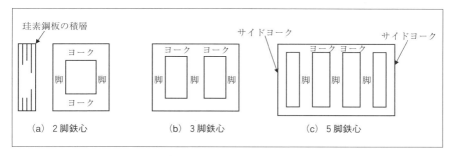

〔図4〕鉄心の構造と種類

ファン、ポンプの騒音がある。鉄心の振動による騒音は電源周波数の2倍の周波数（100Hzまたは120Hz）を基本周波数とし、その高調波で構成されている。鉄心の振動は冷却のための絶縁油を介して、変圧器タンクに伝達し、タンクを振動させる。タンクの振動により、タンクから騒音が放射される。

鉄心の振動は負荷電流の大小には関係しないが、巻線の振動には関係する。従来は巻線の振動による騒音は鉄心の騒音に比べて小さく、問題にならなかったが、最近では負荷電流が大きくなり、通電騒音として注目されはじめている。

4．鉄心の振動
4—1　鉄心の構造
図4に鉄心の構造と種類を示す。鉄心は薄い厚さの珪素鋼板を重ね合わせた

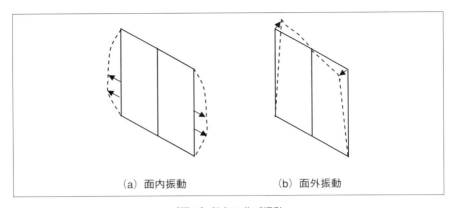

〔図5〕鉄心の曲げ振動

〔図6〕接合部付近の磁束の移動

ものを単位として、巻線による磁束を通すようになっている。図の(a)は2脚鉄心、(b)は3脚鉄心、(c)は5脚鉄心である。図の上下方向の部分を脚あるいは脚鉄（Core）、水平方向の部分を継鉄（Yoke：ヨーク）と呼び、脚に巻線が巻かれる。なお、(c)の5脚鉄心では両端の脚は側脚（Side Yoke：サイドヨーク）と呼ばれ、巻線は巻かれない。

珪素鋼板を積層する理由は磁束による珪素鋼板内の渦電流による損失を減らすためである。近年は電力損失を減らすため、より薄い珪素鋼板が用いられるようになってきている。積層された珪素鋼板を締め付けるために、ボルトあるいはバインドテープが用いられている。

鉄心の振動は積層方向の振動と曲げ振動に分けられる。曲げ振動は鉄心面内と面外の振動に分けられるが、面外の振動は通常は加振力がないため発生しない。図5に曲げ振動を示す。

4—2 積層振動

図6に積層された珪素鋼板と磁束の流れを示す。鉄心の接合部では、わずか

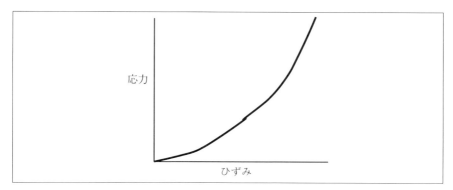

〔図7〕積層された珪素鋼板の圧縮特性

な空気の層が存在する。磁束の通りにくさを示す磁気抵抗は媒質の透磁率に反比例するので、磁気抵抗が大きい。

　空気の部分を避けようと隣の珪素鋼板に磁束が移る。このとき、珪素鋼板間には吸引力が働く。電磁力は式(3)で示される。

$$F = \frac{B^2 S}{2\mu_0} \quad\cdots\cdots(3)$$

ここに　F：吸引力　　B：磁束密度
　　　　S：面積　　　μ_0：空気の透磁率

　一方、積層された鋼板は完全に平坦でなく、部分的な接触になっており、積層方向には全体として、ばねとして作用する。

　図7に積層された珪素鋼板に積層方向に圧縮力を加えたときの、応力σとひずみεの関係を示す。近似的には式(4)に示す特性になる。a、bは定数である。

$$\sigma = a\varepsilon^b \quad\cdots\cdots(4)$$

等価的なヤング率は

$$E = \frac{\partial \sigma}{\partial \varepsilon} = ab\varepsilon^{b-1} = ab\left(\frac{\sigma}{a}\right)^{\frac{b-1}{b}} \quad\cdots\cdots(5)$$

式(5)から締め付け圧力により、ばね定数が変化することがわかる。このため、積層された鋼板間に電磁力が働くと積層方向に振動する。

積層方向の一次の固有振動数は円形断面の場合、近似的に式(6)で示される。

$$f = \frac{0.3c}{r} \quad \cdots\cdots(6)$$

ここに　c：積層方向の音速　　r：半径

積層方向の音速は、前述のばね特性と質量により決定できる。積層した珪素鋼板の密度をρ、応力をσ、ひずみをεとすると、音速cは式(7)で表される。

$$c = \sqrt{\frac{\frac{\partial \sigma}{\partial \varepsilon}}{\rho}} \quad \cdots\cdots(7)$$

一次の固有振動数が電源周波数の2倍と一致すると、共振して振動が大きくなる。図8に大容量の変圧器鉄心で積層振動が大きくなった場合の例を示す。測定された振動から、一次の振動モードで振動していることがわかる。

共振しないよう固有周波数を変えるには式(5)から、珪素鋼板の締め付け力を変化させればよい。

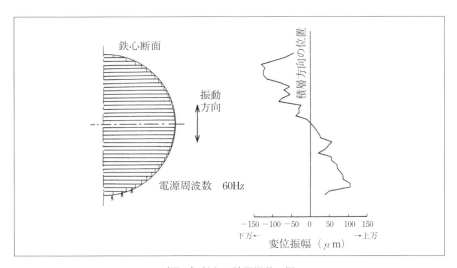

〔図8〕鉄心の積層振動の例

4—3 面内の曲げ振動
4—3—1 磁気ひずみと加振力

曲げ振動の加振力は珪素鋼板の磁気ひずみにより発生する。図9に磁気ひずみループと磁束と磁気ひずみ波形を示す。磁束の正側・負側でも伸びるので、磁気ひずみの波形は電源周波数の2倍の周波数とその高調波の周波数で振動する[2]。磁気ひずみは珪素鋼板の各所で異なり、圧縮応力が加わると増加する傾向にある。曲げ振動に対する加振力に寄与するのは、脚あるいはヨークの両端で見たときの変位の大きさである。脚あるいはヨークの平均の磁気ひずみをεとし、脚あるいはヨークのヤング率をE、断面積をSとすると、磁気ひずみによる加振力Fは

$$F = \varepsilon E S \tag{8}$$

ここに　F：磁気ひずみによる力
　　　　E：珪素鋼板の長さ方向のヤング率
　　　　S：鉄心の断面積　　ε：磁気ひずみ

となる。これは熱応力と同じで、拘束がなければ、長さlの鉄心の場合、εlだ

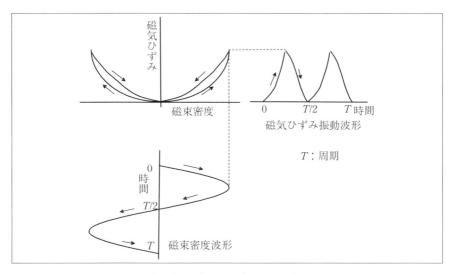

〔図9〕磁気ひずみループと磁気ひずみ波形

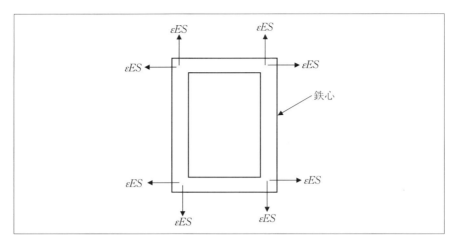

〔図10〕磁気ひずみ力の加わり方

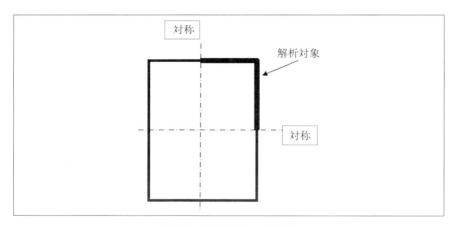

〔図11〕単相2脚鉄心の解析

け伸びるので、かわりに$\varepsilon \ell$だけ伸ばす力を両端に加えればよい。図10に磁気ひずみによる加振力を示す。すなわち、磁気ひずみにより、端部に式(8)で示す力が働くとするのである。このようにすると、両側に伸びるとして、端部での変位はばね定数$2ES/\ell$で割ることにより、$\varepsilon \ell /2$となる。磁気ひずみの大きさは、通常50Hzまたは60Hzの磁界を用いて測定されている。実際の脚やヨーク

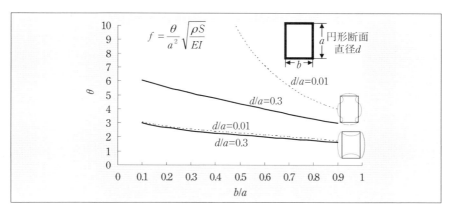

〔図12〕 2脚鉄心の固有振動数

の長さでは長手方向の固有振動数は十分高く、50Hzまたは60Hzで測定しても、直流で測定した場合と変わらないと考えられる。

4－3－2　鉄心面内の曲げ振動の固有振動数と振動モード

鉄心は一種の連続はりと考えることができる。以下に単相2脚鉄心を例に固有振動数の計算方法を示す。図11に単相2脚鉄心を示す。対称性を利用して1/4部分の振動を考える。均一はりの曲げ振動の一般解は式(9)で表される。曲げ振動の変位を$y(x)$とおくと

$$y(x) = A\cosh\lambda x + B\sinh\lambda x + C\cos\lambda x + D\sin\lambda x \quad \cdots\cdots (9)$$

$$\lambda = \sqrt[4]{\frac{\omega^2 \rho S}{EI}} \quad \cdots\cdots (10)$$

である。

脚が曲げ振動をする場合、直角に接続されているヨークには曲げによるせん断力が加わる。これはヨークにとっては縦振動となるので、その変位を$z(x)$とおくと

$$z(x) = E\cos\beta x + F\sin\beta x \quad \cdots\cdots (11)$$

$$\beta = \omega\sqrt{\frac{\rho}{E}} \quad \cdots\cdots (12)$$

となる。すなわち、脚の曲げ振動はヨークの縦振動を引き起こすわけで、逆に

ヨークの曲げ振動は脚の縦振動を起こすのである。

脚とヨークの接合部で変位、角度、モーメント、せん断力連続の境界条件を与えることにより、係数A, B, C, D, E, Fを消去でき、振動数方程式を導くことができる。図12に2脚鉄心の固有振動数を示す。この図は脚とヨークの断面積、ヤング率、密度、断面2次モーメントが同じ場合の計算例で鉄心断面の直径dと脚の長さaの比が0.3、0.01の場合を示している。脚が互いに外側に変形するときにはヨークが互いに内側に変形するモードが最も低い固有振動モードになっていることがわかる。

3脚鉄心、5脚鉄心についても同様に計算することができる。計算法は厳密解を用いても、有限要素法を用いてもよい。図13に3脚鉄心、5脚鉄心の主要な振動モードを示す。

4-3-3 磁気ひずみによる鉄心の振動変位

連続はりである鉄心に式(8)の磁気ひずみ力を加えることにより、振動変位を求めることができる。

図14に単相2脚鉄心で磁気ひずみが3×10^{-6}のときの振動特性を示す。図に示した1次および2次モードで振動が大きくなることがわかる。

図15に3相3脚鉄心の場合の振動特性を示す。この場合は3相のため、磁気ひずみの位相を120度ずつ変えて与えている。同様に主要な二つのモードで振動が大きくなることがわかる。

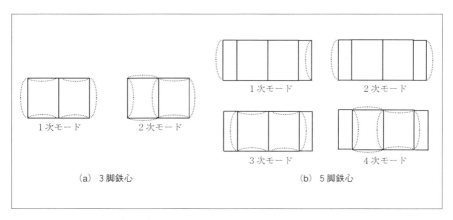

〔図13〕3脚鉄心、5脚鉄心の主要振動モード

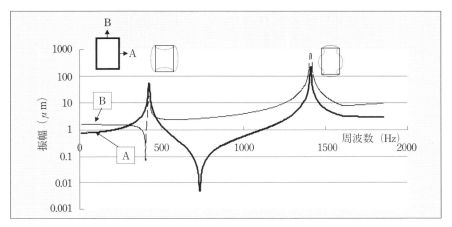

〔図14〕 2脚鉄心の振動の周波数特性

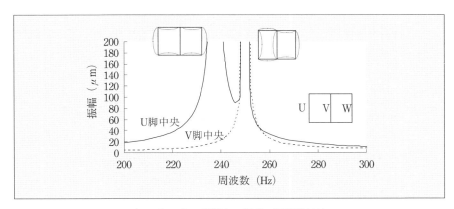

〔図15〕 3相3脚鉄心の振動の周波数特性

5脚鉄心も同様に求めることができる。以上のように、鉄心の曲げ振動ではここに挙げた主要な振動モードの振動が現れることがわかる。

4－3－4　鉄心の曲げ振動の低減法

次に鉄心各部の磁気ひずみの振動への寄与について述べる。図16に2脚鉄心で、脚のみに磁気ひずみを与えた場合、逆にヨークのみに磁気ひずみを与えた場合の計算結果を示す[3]。1次の固有振動数モード付近では脚の中心、ヨーク

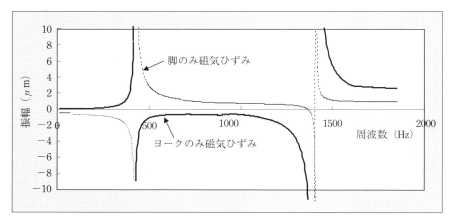

〔図16〕各部磁気ひずみの寄与

の中心とも互いに逆の位相で振動していることがわかる。また、2次の固有振動数付近では同相になっている。このことは鉄心の各部の磁気ひずみは、振動が大きくなる方向に作用しているわけでなく、モードによっては、互いに逆に働いたりすることがわかる。この場合、脚とヨークの磁気ひずみの大きさを1対0.3程度に選ぶと1次振動を出さないようにすることができる。そのようにできない場合でも、脚よりヨークの長さが短い2脚鉄心では、図16から、長さが短いヨークの磁気ひずみが支配的である。3脚鉄心、5脚鉄心についても、一般にヨークの磁気ひずみの振動への寄与が大きい[3]。

鉄心振動を小さくする方法としては、
(1) 磁気ひずみの小さい珪素鋼板を用いる
    特にヨークに磁気ひずみの小さい材料を用いる
(2) 断面積を増加させて、磁束密度を下げ、結果として磁気ひずみを小さくする
    特にヨークの断面積を脚より少し大きくして磁束密度を下げ、結果として磁気ひずみを小さくする
(3) 電源周波数の2、4、6倍の周波数と固有振動数を一致させない
(4) 問題となる振動モードがわかっている場合には、材料、断面積を変えて、各部の磁気ひずみの寄与率を調節してそのモードを出ないようにする
などが考えられる。

5. 変圧器タンクの振動・騒音
5—1 振動・騒音の計算法

 鉄心の振動により、油中音波が絶縁油中に放射され、油中を伝播して変圧器タンクを振動させる。このとき、変圧器タンクは流体と弾性体が連成する流体弾性振動となる。解析を行う場合、流体は速度ポテンシャルあるいは音圧が未知数で1節点1自由度であるのに対して、弾性体は3方向の変位、回転角が未知数で1節点6自由度である。通常の構造系の有限要素法は変位法を用いており、速度ポテンシャル、音圧との連続条件を与えるのが難しい。筆者は、流体に対しても変位法で解く解析方法を開発している[4,5]。これは、流体に対しては体積弾性率を与えるかわりにヤング率をほぼ0にする方法で、この際流体側で現れる余剰自由度(3次元の場合、1節点2自由度、2次元で1節点1自由度)を抜き取ることにより、流体と弾性体を同時に解くものである。図17に変圧器タンクの2次元モデル1/4部分、3次元モデル1/8部分に対する解析結果を示す[6]。流体が移動してタンク壁が変形していることがわかる。

 変圧器タンクの振動がわかると、空気中に放射される音場を計算することになる。境界要素法を用いると、音場を求めることができる。また、より簡易な方法として、球上の点音源の指向性を使用し、タンク表面に点音源が分布しているとして、それらを積分することにより、音場を求めることもできる[7]。

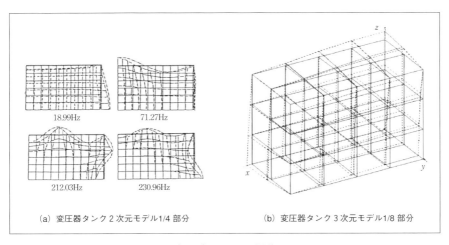

(a) 変圧器タンク2次元モデル1/4部分　　(b) 変圧器タンク3次元モデル1/8部分

〔図17〕タンクの振動

変圧器タンクの振動低減法としては、
　①共振の回避
　②動吸振器の設置
　③アクチュエータを取り付け、アクティブ制御して振動を低減させる[8]
などがある。

6．変圧器騒音の低減法
変圧器から放射された騒音を減らす方法としては、

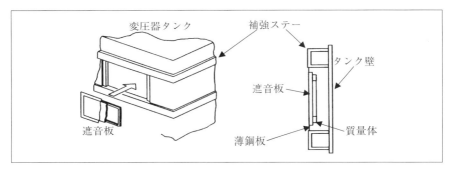

〔図18〕高効率遮音板

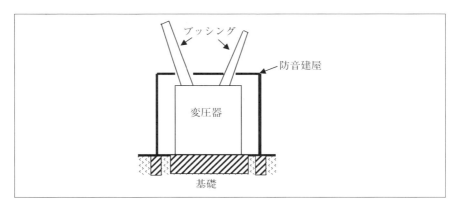

〔図19〕防音建屋

(1) 遮音板の設置

図18に筆者らが開発した高効率遮音板を示す[9]。これは、タンク表面に遮音板を取り付けるもので、このとき、タンクの振動が遮音板に伝達しないように、薄鋼板で支持するものである。10dB程度の効果が報告されており、全金属式であるため、ゴムなどの経年劣化の心配がなく、全装可搬できる特長がある。

(2) 別基礎で支持された防音壁により覆う方法
(3) コンクリートの建屋の中に入れる方法

図19に防音建屋を示す。

(4) 遮音壁の設置

などがある。

7．おわりに

以上、変圧器の騒音の発生原因として鉄心の振動を取り上げ、振動発生の原理、解析方法、低減方法などについて述べた。

参考文献

1) 堀：「最近の変電機器の低振動、低騒音化技術」、電学論B，115巻2号，平成7年
2) 電気学会編：電気学会技術報告（Ⅰ）部第101号，pp.1-22, 昭和46年11月
3) 堀, 藤澤：「変圧器鉄心の振動低減に関する研究」、日本機械学会論文集（C編）, 59巻568号, 1993年2月
4) 堀, 叶井, 藤澤：「FEM変位法を用いた2次元流体連成解析」、日本機械学会論文集（C編）, 60巻572号, 1994年4月
5) 堀康郎, 堀憲司：「FEM変位法を用いた2次元流体連成解析（第2報 スプリアス解の抜き取り法）」、日本機械学会論文集（C編）, 64巻618号, 1998年2月
6) Y. Hori, K. Hori, M. Kanoi and M. Sasaki : "Coupling Vibration Analysis of Fluid and Structure using an FEM Displacement Method", ICSV9, p.1-8, July, 2002
7) 堀：「任意形状の振動物体の放射音場の計算」、日本音響学会誌, 34巻, 9号, pp.486-492, 1979年
8) Mcloughlin et al : "inter-noise 94", 1323, Aug. 1994
9) Kanoi, Hori, Maejima, and Obata : "Transformer Noise Reduction with Sound

Insulation Panel", IEEE Transactions on Power Apparatus and Systems, Vol. PAS-102, No.9, Sept. 1983

6 電磁力による変圧器巻線の振動・騒音

1．はじめに

　電力系統では各種の変圧器が用いられている。発電機で発生した電圧は変圧器により昇圧され、送電線に送られる。需要家の近くになると、変圧器で降圧され、需要家に供給される。送電線で地絡事故、短絡事故が起きると、変圧器巻線には極めて大きな電流が流れる。電流の大きさは定格負荷電流の10倍から数十倍に達する。磁界は巻線の電流に比例するため、巻線に働く電磁力は電流の2乗に比例して極めて大きくなる。この電磁力により、巻線が振動し、場合によっては破壊する恐れがある。ここでは、外部短絡による変圧器巻線の振動について述べる。また、最近では負荷電流により増加する騒音、いわゆる通電騒音が問題となる場合があり、この問題についても触れる。

2．変圧器巻線の構造

　図1に変圧器巻線の構造を示す。内側巻線（1次巻線）と外側巻線（2次巻線）が同じ鉄心に同心状に巻かれている。
　巻線には、ディスク巻線、ヘリカル巻線、円筒巻線などがあるがここでは、ディスク巻線を例にとると、巻線の軸方向に円盤状のコイルが積み重ねられている。コイル間にはスペーサが入れられており、コイル間に冷却のため、絶縁油が流れるようになっている。スペーサは円周方向に間隔をあけて配置されている。巻線の上端・下端には絶縁物が配置され、巻線と鉄心を絶縁している。軸方向には上部から適当な力で締め付けられている。内側巻線は鉄心により支持されており、外側巻線はスペーサを介して内側巻線から支持されている。スペーサは絶縁物で作られており、支持と同時に絶縁も兼ねている。

3．巻線に流れる事故電流

　変圧器には％インピーダンス、インピーダンス電圧というものがある。これは、2次側を短絡したときに、一次側に流れる電流が定格電流と同じになる電圧のことで、定格電圧に対して％で表示される。大きさは数％から十数％であ

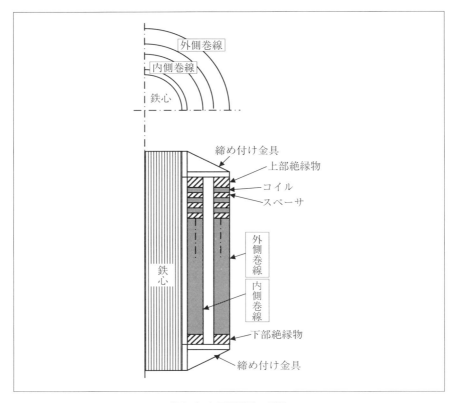

〔図1〕変圧器巻線の構造

る。定格電流をI_r (A_{rms})とすると短絡電流I_c (A_{rms})は、

$$I_c = I_r \times \frac{100}{\%インピーダンス} \quad \cdots\cdots(1)$$

たとえば、10%のときは10倍の電流が流れることになる。実際には後述のように電圧の位相により、さらに大きくなる。

　また、電力系統には多数の発電機が接続されており、系統のインピーダンスは低く、負荷電流が流れても、電圧降下はわずかである。外部短絡によって変圧器に流れる最大電流を考えるときには、電力系統は無限大母線として、インピーダンスを0、すなわちどれだけ電流が流れても、電圧が下がらない条件を

仮定する。図2に外部短絡時の変圧器の等価回路を示す。いわゆるR-L直列回路に正弦波を印加した場合に相当する。短絡により流れる電流I(A_{peak})は、そのときの電圧の位相により異なり、式(2)で表される。

$$I = I_0\{\sin(\omega t - \theta) + e^{-\frac{t}{T}}\sin(\theta)\} \quad \cdots\cdots(2)$$

$$I_0 = \frac{E}{\omega L} = \sqrt{2}I_c \quad \cdots\cdots(3)$$

$$T = \frac{L}{r} \quad \cdots\cdots(4)$$

ここに　E：定格電圧（V_{peak}）
　　　　L：変圧器巻線のインダクタンス（H）

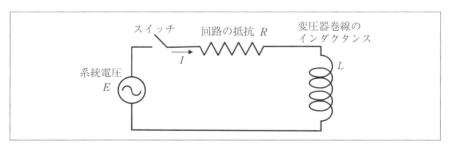

〔図2〕外部短絡時の変圧器の回路

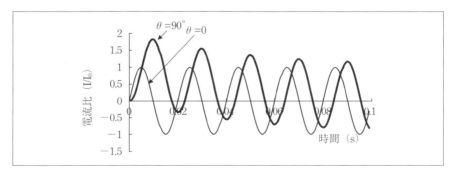

〔図3〕短絡電流波形

r :変圧器巻線の抵抗(Ω)
θ :電圧の位相(rad)
T :時定数(s)

$\theta=0$ の場合にはIの大きさはI_0となるが、$\theta=\pi/2$の場合はTが十分大きいとき、IはI_0の2倍となる。図3に電流波形を示す。θが0以外では直流分が入り、短絡電流が大きくなっている。

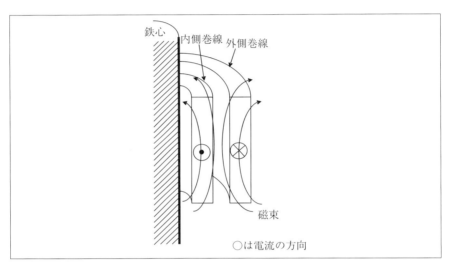

〔図4〕変圧器巻線の中の磁界

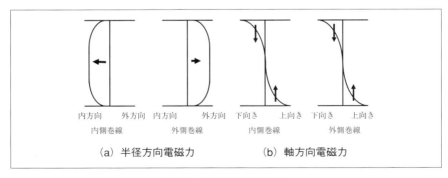

〔図5〕巻線中の電磁力分布

4．巻線に加わる電磁力

図4に巻線中の磁界分布を示す。巻線にかかる電磁力はローレンツの力で式(5)になる。

$$\vec{F} = \vec{I} \times \vec{B} \quad \cdots\cdots(5)$$

すなわち、電流と磁界にそれぞれ直角方向に電磁力が働く。図5に電磁力分布を示す。(a)が半径方向の分布、(b)が軸方向の分布である。

軸方向の磁界により内側巻線は半径方向内側に、外側巻線は半径方向外側に力が働く。一方、半径方向の磁界により、軸方向の力が働き、巻線は軸方向に縮む。電磁力は電流の2乗に比例するため、時間波形は式(6)で表される。

$$F = F_0 \{\sin(\omega t - \theta) + e^{-\frac{t}{T}} \sin(\theta)\}^2 \quad \cdots\cdots(6)$$

図6に電磁力の時間波形を示す。点線が位相0度、実線が位相90度の場合である。

0度の場合には、電源周波数の2倍の周波数で電磁力が変化することがわかる。一方、90度の場合には、初期は電源周波数と同じ周波数で変化し、徐々に電源周波数の2倍の周波数に変わってゆくことがわかる。電磁力の大きさは0度の場合に比べて、90度の場合に4倍弱になることがわかる。

5．半径方向電磁力による巻線の挙動
5—1　内側巻線の座屈

内側巻線には、半径方向の内側方向に電磁力が働く。電磁力が大きくなると

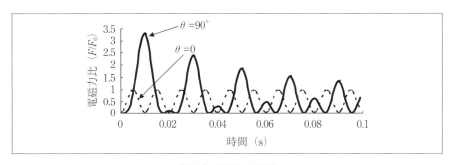

〔図6〕電磁力の波形

巻線は座屈する恐れがある。
　座屈強度は導体にかかる応力が弾性限界内か塑性領域に入るかにより異なる。

(1) 弾性限界にある場合[1]。

　内側に支持点がない場合の円環の弾性座屈の限界q_cは、

$$q_c = \frac{3EI}{R^3} \dots\dots\dots\dots\dots\dots\dots\dots\dots\dots\dots\dots\dots\dots(7)$$

ここに　q_c：座屈強度（kg/m）
　　　　E：ヤング率（N/m²）
　　　　I：断面2次モーメント（m⁴）
　　　　R：半径（m）

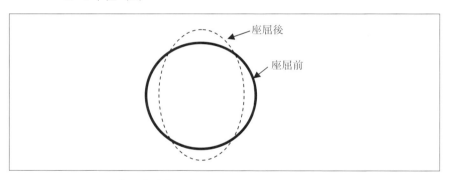

〔図7〕内部に支持点がない場合の座屈モード

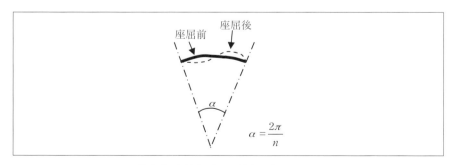

〔図8〕支持点がある場合の座屈モード

で、図7にこのときの座屈モードを示す。モードは楕円形になることがわかる。

支持点を増やすと、座屈限界は、

$$q_c = \frac{EI}{R^3}\left(\frac{n^2}{4}-1\right) \quad \cdots\cdots(8)$$

ここに　　n：支持点の数（$n \geq 4$）

支持点の数を増せば座屈強度は増加することがわかる。図8に支持点がある

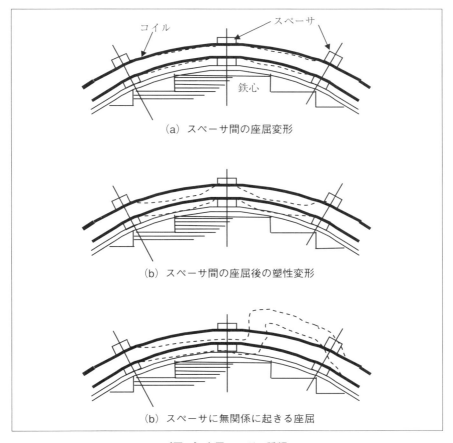

〔図9〕座屈モードの種類

場合の座屈モードを示す。

(2) 塑性領域に入る場合[2)]

コイルの一部でも塑性領域に入る場合は、座屈の様相は複雑になる。座屈モードは図9に示す3種類に分けられる。

①スペーサ間で座屈変形が起きる場合
②座屈後塑性変形する場合
③スペーサの間隔が狭く、変形が鉄心やプレスボードなどにより制限され、スペーサに依存しないで起きる座屈

それぞれの大きさをq_d、q_p、q_cとすると、

$q_c > q_d \geqq q_p$ のとき　　　$q = q_d$
$q_c > q_p > q_d$ のとき　　　$q = q_p$
$q_c \leqq q_p$ のとき　　　$q = q_c$

電線の応力とひずみの関係を式(9)で近似すると

$$\sigma = \sigma_0 \varepsilon^\eta \quad \cdots\cdots\cdots(9)$$

となり、q_dは

$$q_d = \left\{\frac{m^2(1+3\eta)}{36}\right\}^\eta \sigma_0 \left(\frac{a_c}{R}\right)^{2\eta+1} n_c^{\chi_1} b_c \quad \cdots\cdots(10)$$

ここに　　m：内側の支持点数
　　　　　n_c：コイルの中の素線数
　　　　　b_c：素線の半径方向の幅
　　　　　χ_1：定数

q_pは極限設計から

$$q_p = \frac{4\sigma_e n_c^{\chi_2} b_c a_c^2}{\ell_c^2} \quad \cdots\cdots\cdots(11)$$

ここに　　σ_e：焼きなました銅の定数
　　　　　　　（σ_e=1000－2000kg/cm²）
　　　　　ℓ：スペーサの円周方向の間隔
　　　　　χ_2：定数

q_cは式(12)になる。

$$q_c = K\xi_1 \xi_2 n_c^{\zeta\chi_3} b_c \left(\frac{a_c}{R}\right)^{3\zeta} \quad \cdots\cdots\cdots\cdots\cdots\cdots (12)$$

ここに K:定数
ξ_1:内側支持の定数
ξ_2:軸方向振動の影響を表す係数
ζ:コイルの構成に関する係数
χ_3:定数

大容量の変圧器ではほとんど式(12)により決定される。

5—2 外側巻線の塑性変形

外側巻線は半径方向外向きの電磁力により、電線に引張り応力がかかる。この応力が電線の伸びの弾性限界を超えると、塑性変形して伸びる。単に半径が大きくなるだけでなく、素線の絶縁紙が破壊され、素線間の短絡、上下のコイル間の短絡に至る場合がある。このため、電線にかかる応力を弾性限界以下にする必要がある。

6．軸方向電磁力による巻線の挙動

半径方向の磁束と電流により、軸方向の電磁力が発生する。電磁力が大きく

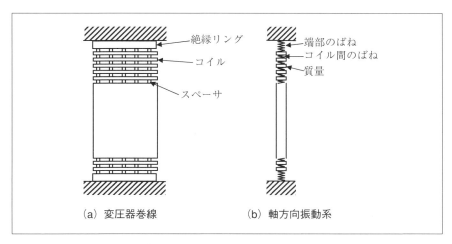

〔図10〕変圧器巻線と軸方向振動系

なると支持スペーサ間でコイルが軸方向に塑性変形する恐れがある。また、軸方向には巻線は弾性を持つ絶縁物で支持されているため、電磁力により軸方向に振動する。軸方向の振動が大きくなると端部支持物の破壊、コイルの素線の横倒れ座屈などの恐れが出る。

6—1 軸方向振動

図10に変圧器巻線とそれを近似した軸方向振動系を示す。コイルを質量とし、コイル間のスペーサをばね、上下端の支持構造物をばねとして表す。

絶縁物のばね特性は式(13)で近似できる。

$$\sigma = a\varepsilon^b \quad\quad\quad\quad\quad (13)$$

ここに a, b : 定数
運動方程式は式(14)になる[3]。
i 番目のコイルでは

$$m_i \frac{d^2 x_i}{dt^2} + c'_i \ell_i \frac{dx_i}{dt} + c_{i+1}\left(\frac{dx_i}{dt} - \frac{dx_{i+1}}{dt}\right) + \\ c_i\left(\frac{dx_i}{dt} - \frac{dx_{i-1}}{dt}\right) - f_i + f_{i+1} = -m_i g + F_i(t) \quad (14)$$

ここに
$$\begin{aligned} f_i &= S\sigma(\varepsilon_i) & \varepsilon_i &> 0 \\ &= 0 & \varepsilon_i &\leq 0 \end{aligned} \quad\quad (15)$$

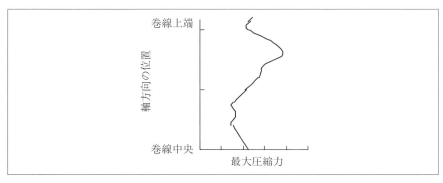

〔図11〕最大圧縮力の計算例（上半分）

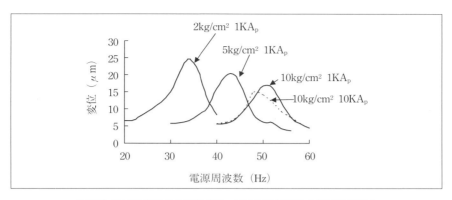

〔図12〕軸方向変位の周波数特性（10kA$_p$時は変位を1/100で表示）

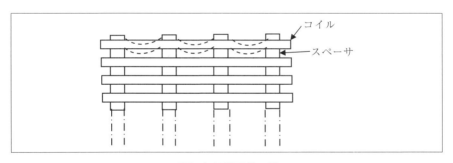

〔図13〕塑性崩壊の例

F_i：i番目のコイルにかかる電磁力

c_i, c'_i：減衰係数　　S：受圧面積

　振動中にスペーサとコイルの間に隙間ができた場合を想定して右辺に重力の項を与えている。全コイルに関する運動方程式を連立させて、過渡応答計算を行うことにより、コイルの軸方向変位、絶縁物にかかる動的圧縮力を求めることができる。

　図11に変圧器巻線についての最大圧縮力の計算例を示す。振動により、巻線の中央付近と端部付近で最大圧縮力が大きくなっていることがわかる。

　図12に締め付け圧力、短絡電流を変えた場合の巻線端部の軸方向変位の周波数特性を示す。

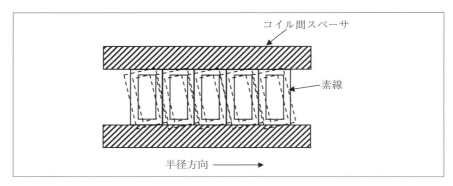

〔図14〕圧壊（横倒れ座屈）

　締め付け圧力を増加させると絶縁物のばね定数が増加するため、共振周波数が高くなること、また、電流の増加により、ピークとなる周波数が少し下がり、振幅も減少していることがわかる。

6－2　塑性崩壊

　コイルにかかる電磁力が大きくなると、コイルは支持スペーサ間で軸方向に変形する。変形の量が大きいと絶縁紙が破れ、隣の素線、コイルと接触して絶縁破壊する恐れがある。

　図13に塑性崩壊の例を示す。塑性崩壊の強度は式(16)で与えられる[4]。

$$w_c = 5910md\left(\frac{h}{\ell}\right)^{2.2} \quad \cdots\cdots(16)$$

ここに　　m：コイルあたりの電線本数
　　　　　d：電線の厚さ（cm）
　　　　　h：電線の軸方向高さ（cm）
　　　　　ℓ：支持スペーサ間の距離（cm）
　　　　　w_c：強度（kg/cm）

6－3　圧壊

　巻線の振動により、コイル間のスペーサには圧縮力がかかる。この力が大きいとコイルの素線が圧壊（横倒れ座屈）を起こす。図14に圧壊の現象を示す。圧壊強度は、曲げモーメントの釣り合いから、式(17)が実験的に求められている[5]。

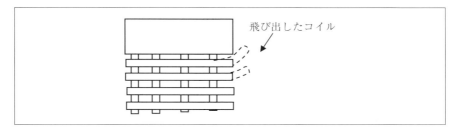

〔図15〕半径方向への飛び出し

$$F = B_R B_K \frac{n_d E_p m^\alpha d^3 b_d}{6h} + \frac{\pi m \beta d h^2 E_c}{6R} \quad (\mathrm{kg}) \dots\dots\dots\dots (17)$$

ここに　　B_R, B_K, α, β：定数
　　　　　R：コイルの平均半径
　　　　　E_c：電線の弾性定数
　　　　　E_p：コイル間スペーサの弾性定数
　　　　　n_d：コイル間スペーサの全周あたりの数
　　　　　b_d：コイル間スペーサの幅

6—4　その他の破壊

　巻線端部には振動により大きな圧縮力がかかり、端部絶縁物が破壊されたり、コイルが半径方向に飛び出すことがある。図15に破壊の例を示す。

6—5　軸方向振動の低減

　振動によって巻線中に発生する軸方向の力、圧縮力が大きいと、前述のように破壊するため、この力を小さくできればよい。短絡電流を減らすには、％インピーダンスを増加させたり、直列にリアクトルを挿入すればよいが、変圧器を通過する場合の電圧降下につながるため、あまり行われない。このため、電磁力そのものを小さくすることは現実には困難である。振動系での対策としては、

　①共振の回避
　②減衰の付与
　③締め付け圧力の増加
　④電磁力分布の適正化

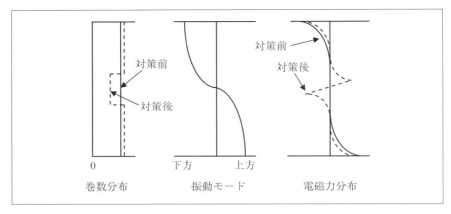

〔図16〕電磁力分布の適性化

などが考えられる。

このうち、①は当然行うべきであるが、②はなかなか難しい。また③は大きくしすぎると、6-3の圧壊を起こす危険が増えるため、あまり大きくはできない。④は筆者らが行ったもので、電磁力の大きさは変えられなくても、分布を変えようという発想である。以下にその方法を示す[6]。

巻線を軸方向に均一なはりに近似すると、軸方向の変位は式(18)となる。

$$u(x,t) = \frac{c^2 F_0}{E_d S_d \ell} \sum_{i=1}^{\infty} \frac{K_i D_i(t)}{\omega_i^2} u_i(x) \quad \cdots\cdots (18)$$

ここに　$u_i(x)$：i次振動モードの形
　　　　ω_i：i次固有角周波数

この式はi次振動モードの大きさは$K_i D_i(t)/\omega_i^2$により決まることを示している。このうち$D_i(t)$は動加重率と呼ばれ、共振特性を表している。K_iは関与率と呼ばれ、式(19)で与えられる。

$$K_i = \frac{1}{\ell}\int_0^\ell f_1(x) u_i(x) dx \quad \cdots\cdots (19)$$

ここに　$f_1(x)$：電磁力の軸方向分布

式(19)からK_iの値は振動モードの形と電磁力分布の形が似ているほど、大き

くなることを示している。ω_i^2 が分母にあることから、高次の振動になるほど、寄与が小さくなることがわかる。そこで、共振を避けるとともに、低次のK_iの値が小さくなるような電磁力分布にすればよい。電磁力分布を変えるには、巻線中のコイルの軸方向の巻きピッチを変化させればよい。

図16に対策前後のコイルの巻数分布、振動モード、電磁力分布を示す。振動モードと電磁力分布の積を考えると、対策により、K_iが小さくなることがわかる。

7．通電騒音について

最近は変圧器を重負荷で使用されることが増えたこと、また、同じ容量でも小型・コンパクトになってきていることなどから、負荷電流による騒音が問題になるケースが出ている。負荷電流の有無により、鉄心中の磁束は変わらないので、鉄心の振動・騒音は変わらないが、巻線の振動・騒音は変化する。巻線の軸方向振動は前述の式(14)により、計算できる。短絡時のように直流分を考える必要はなく、電磁力の周波数は電源周波数の2倍の周波数のみになるので、振動・騒音の周波数も電源周波数の2倍である。この振動を低減するには、6—5で述べた方法が有効である。通電騒音の他の発生源として、磁気シール

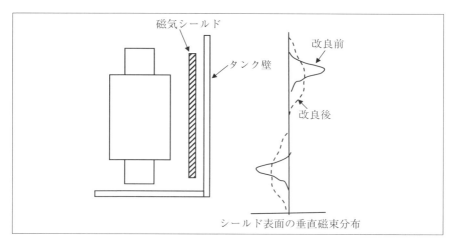

〔図17〕電磁力の低減例

ドがある。これは巻線からの漏れ磁束が変圧器タンクに流入して渦電流を発生させ、変圧器の損失になるのを防ぐために用いられる。磁気シールドとしては、珪素鋼板シールド、銅板シールドがある。前者は磁束をタンクに流さずに、損失の少ない珪素鋼板に流すものである。後者は渦電流を発生させ、その磁界により、磁束の進入を防ぐものである。珪素鋼板シールドの場合、タンクに加わる電磁力は磁気シールドに垂直に出入りする磁束の密度により、式（20）により与えられる。

$$F = \frac{B^2 S}{2\mu_0} \quad\cdots\cdots(20)$$

すなわち、磁束密度の2乗に比例することがわかる。一方、銅板シールドでは、磁束密度と発生した渦電流により、式(5)の力が働くが、これも磁束密度の2乗に比例する。電磁力を低減するには、磁束密度の最大値を小さくして周囲に分散させることがよい。図17にその様子を示す。磁束の総量は変えず、磁束の通り道を工夫してピークを低くすると、電磁力は磁束密度の2乗に比例して減少する。

8．おわりに

外部短絡時に変圧器巻線に働く電磁力による振動・騒音ならびに負荷電流による通電騒音について解説した。

参考文献

1）ティモシェンコ著，仲，渋川，久田訳：「座屈理論」，p. 152，コロナ社，昭和56年4月
2）K.Hiraishi, Y.Hori, S.Shida："Mechanical Strength of Transformer Windings under Short Circuit Conditions", IEEE Tr. Vol.PAS-90, No.5, pp.2381-2390, Sept./Oct. 1971
3）Y.Hori, K.Okuyama："Axial Vibration Analysis of Transformer Windings under Short Circuit Conditions", IEEE Tr. Vol.PAS-99, No.2, pp. 443～451, March/April 1980
4）平石，堀，志田：「大容量変圧器巻線の短絡強度」，日立評論，第51巻，第6号，p.506，昭和44年6月

5) 平石, 堀, 志田:「大容量変圧器巻線の短絡強度」, 日立評論, 第51巻, 第6号, p.505, 昭和44年6月
6) 堀, 平石:「変圧器巻線の軸方向振動」, 昭和44年電気四学会連合大会, pp.734-735, 昭和44年

7　モータ一固定子鉄心に作用する電磁力による振動現象　その1

はじめに

　環境問題への関心の高まりから、近年、モータの騒音低減が強く求められている。モータの騒音を発生原因により大別すると、電磁騒音、通風騒音および機械騒音の三種類がある。その中でも電磁騒音はモータの騒音の中でも耳障りな音として、近年特に問題にされている。電磁騒音の要因としては、1モータの小形化設計による磁束密度の増加や、2軽量化による構造上の剛性低下の影響が大きい。図1に全閉外扇形モータの構造と電磁騒音の発生原理を示す。電磁騒音の起因となる加振力は、固定子鉄心と回転子鉄心のギャップに働く電磁力である。その電磁力が固定鉄心を振動させ、フレームから騒音放射する。

　「その1」でモータ加振力である電磁力の周波数と電磁力モード、「その2」でその電磁力を受けるモータ固定子の運転中の振動モードと電磁力モードの関連を述べる。すなわち、モータを駆動源とする低騒音設計には、モータの音源である電磁力と伝達するモータ構造の騒音発生メカニズムを理解する必要がある。

1．モータにはどのような**電磁振動・騒音**が発生するのか

　誘導モータが発生する電磁気的要因の主なものは、以下の5つになる。

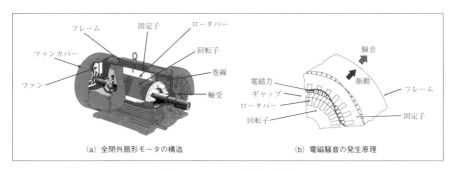

〔図1〕モータの構造と電磁音

①基本波主磁束による振動・騒音
　（偏心、不平衡電圧、コイルの不平衡、・・）
②高調波磁束による振動・騒音
　（スロット組合せ、飽和磁束、・・）
③インバータ駆動時の振動・騒音
　（キャリア周波数、変調方式、電流リップル）
④トルク振動による周波数2sf「うなり」振動・騒音
⑤磁気ひずみ振動・騒音

2．電磁力の計算

2—1　解析方法

　表1に解析対象として用いたモータの仕様を示す。本モータは、中形モータの中で最も生産量の多い機種である標準モータ4極2.2kWを対象とする。

2—2　解析の流れ

　解析の流れを図2に示す。これからわかるように、電磁解析によって得られた電磁力の計算結果を機械系の構造有限要素法にデータ転送し解析をする。電磁系と機械系の間でフィードバックはないが、一種の電磁・構造連成解析となっている。

2—3　磁束解析

　モータは、巻線に流れる電流によって磁束を発生し、トルクとして有効に作用する基本波成分のほかに、電磁振動の原因となる多くの高調波磁束を発生する。有限要素法によって磁束解析を行う。表2にモデルの設定値を、図3に解析モデルを示す。磁束解析では、回転子は回転しているとして計算する。なお、

〔表1〕モータモデルの仕様

項　目	内　容
形　式	全閉外扇形　誘導電動機
相数—極数	三相4極
定格出力	2.2kW
電圧—周波数	200V-60Hz
無負荷電流	3.4A
スロット数	36／44；固定子／回転子

磁束密度の時系列波形は、回転子の有限要素モデルを、90度分を180ステップに分割して回転させることにより生成する。基本波のほかに、スロットと固定子鉄心の飽和による高調波磁束が発生しているか確認する。ここでは、定常解析でかつ無負荷であるため、回転子側の電流については考慮しない。

磁束解析の結果のうち代表的なものを図4に示す。この磁束解析結果から、

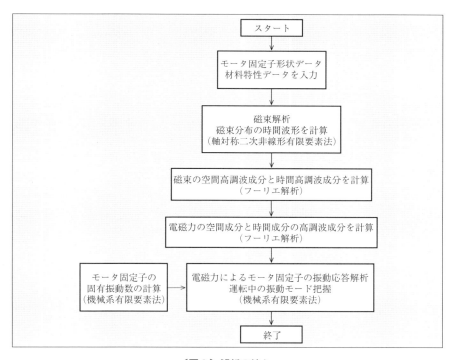

〔図2〕解析の流れ

〔表2〕有限要素法モデルの設定値

名　称	軸対称静磁場解析
節点数	2572
要素数	5046
回転点数（90度分）	199
ギャップ円周点数	397

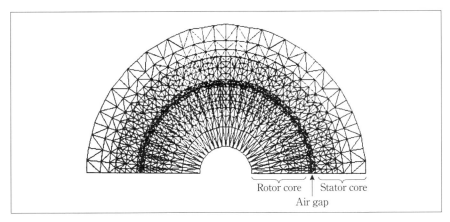

〔図3〕 磁束解析の計算用有限要素法モデル

エアギャップ部の磁束の空間成分と時間成分の値を得ることができる。

　空間成分は、回転子を90度回転させたある位置の点について、図5 (a) に示すような磁束波形を取り、それをフーリエ解析して求める。各高調波成分の周波数スペクトルを図5 (b) に示す。

　時間成分は、半周分のスロット19個について、固定子のティースの中央部でエアギャップの中心点の磁束分布時間波形をフーリエ解析して求める。図6にフーリエ解析の結果を示す。なお、磁束解析では回転子を90度しか回転させていないため、有限要素法モデルの残りの90度分、時間波形で残りの180度分については回転対称と見なし、最初の90度分の折り返しとして、360度分（1周期分）の時間波形を求める。

　これらの計算結果から、エアギャップ磁束の1空間高調波成分と、2時間高調波成分が求められた。次に電磁力を計算する。

3．電磁力の発生周波数と電磁力モード

　モータの電磁力による騒音は、固定子と回転子のスロット数の組合せによる現象の一つとして多くの研究がなされている。エアギャップにおける固定子と回転子の高調波磁束の相互干渉によって生ずる電磁力による固定子鉄心とフレームの変形あるいは回転子の振動などがその主原因である。磁気騒音の発生機構を概説すれば次のようになる。

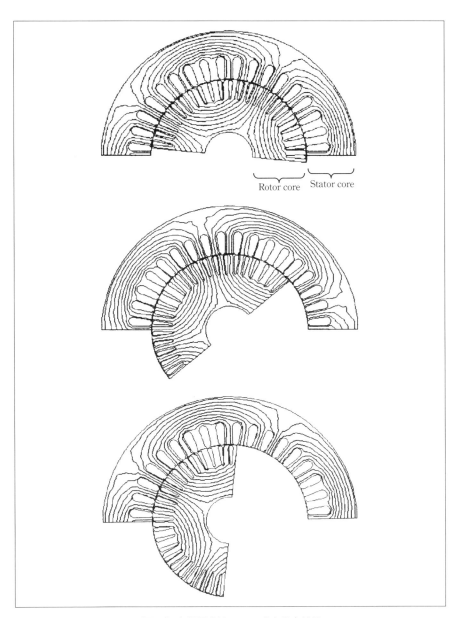

〔図4〕 有限要素法による磁束分布結果

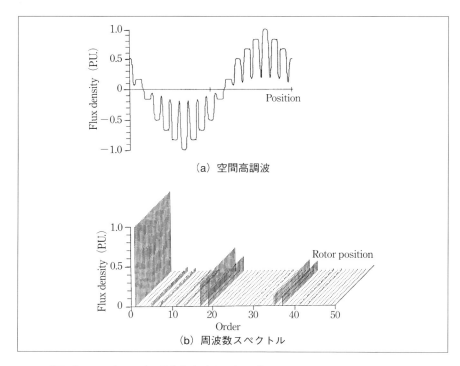

〔図5〕エアギャップの磁束密度(空間高調波)の時間波形と周波数スペクトル

エアギャップにおける固定子のm次高調波磁束b_mは式(1)で表される。

$$b_m = B_m \sin\left(\omega t - m\frac{\pi}{p\tau}x_1\right) \quad\cdots\cdots(1)$$

また、固定子のm次高調波磁束によって生ずる回転子のn次高調波磁束b_nは式(2)で表される。

$$b_n = B_n \sin\left[\left\{1 + \frac{n-m}{p}(1-s)\right\}\omega t - n\frac{\pi}{p\tau}x_1\right] \quad\cdots\cdots(2)$$

ここで、b_n、b_m：n次、m次の高調波磁束密度
　　　　B_n、B_m：b_n、b_mの最大値
　　　　ω：b_n、b_mの角速度

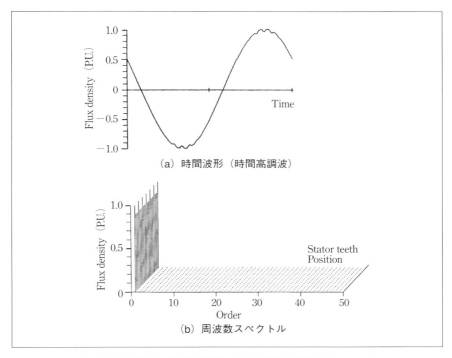

〔図6〕磁束密度(時間高調波)の時間波形と周波数スペクトル

P：極数　　p：極対数（$P/2$）
s：基本波に対するすべり
τ：極ピッチ　　x_1：固定子側座標
z_1：固定子のスロット数
z_2：回転子のスロット数

かご形回転子では、$n=k_2 z_2+m$である。ここでk_2は、整数である。エアギャップの磁束密度による半径方向の電磁力f_rは、式(3)に示す。

$$f_r = \frac{1}{2\mu_0} b^2 \quad\quad\quad\quad\quad\quad\quad\quad\quad\quad\quad\quad (3)$$

ここで、μ_0は真空の透磁率である。
　また、エアギャップの磁束密度は、それぞれの磁束密度の和であることか

ら、$b = \sum_m b_m + \sum_n b_n$ である。したがって、次式が得られる。

$$f_r = \frac{1}{2\mu_0}\left(\sum_m b_m + \sum_n b_n\right)^2$$
$$= \frac{1}{2\mu_0}\left(\sum_m b_m{}^2 + \sum_n b_n{}^2 + 2\sum_m\sum_n b_m b_n\right) \quad \cdots\cdots(4)$$

　この式の第一項は周波数が電源周波数の２倍であり、騒音周波数としては非常に低く、耳障りでもない。第二項は極数が大きく、固定子の機械的剛性が大きいので変形量は小さく、振動の大きさは非常に小さいと考えられる。通常の磁気騒音は第三項によって生ずる。すなわち固定子、回転子高調波磁束の相互作用による電磁力は、式(5)で表される。

$$\frac{1}{2\mu_0}b_m b_n = \frac{1}{4\mu_0}B_m B_n\left[\cos\left\{\frac{n-m}{p}(1-s)\omega t - \frac{n-m}{p\tau}\pi x_1\right\}\right.$$
$$\left. -\cos\left\{\left\{2+\frac{n-m}{p}(1-s)\right\}\omega t - \frac{n+m}{p\tau}\pi x_1\right\}\right] \quad \cdots\cdots(5)$$

あるいは、

$$f_r \approx 2\sum_m\sum_n \frac{1}{2\mu_0}b_m b_n$$
$$= \sum_m\sum_n \frac{1}{2\mu_0}B_m B_n\left[\cos\left\{\frac{n-m}{p}(1-s)\omega t - \frac{n-m}{p\tau}\pi x_1\right\}\right.$$
$$\left. -\cos\left\{\left\{2+\frac{n-m}{p}(1-s)\right\}\omega t - \frac{n+m}{p\tau}\pi x_1\right\}\right]$$

　式(5)において空間成分であるx_1の係数に注目すると、極対数pが$M=n-m$なるものと$M=n+m$なるものをもつ電磁力波（多角形変形力）が生ずる。ここで、Mは電磁力モードを表す。電磁力の発生周波数f_kは、それぞれ式(6)と式(7)で示される。

(1) $M=n-m$の場合、式(5)の第一項に注目し、

$$f_k = \frac{n-m}{p}(1-s)f = \frac{k_2 z_2}{p}(1-s)f \quad \cdots\cdots(6)$$

(2) $M=n+m$の場合、式(5)の第二項に注目し、

$$f_k = \left\{2 + \frac{n-m}{p}(1-s)\right\}f = \left\{2 + \frac{k_2 z_2}{p}(1-s)\right\}f \quad \cdots\cdots(7)$$

ここで、fは電源周波数であり、k_2は整数である。

高調波磁束のうち、特に電磁騒音の主要原因となるものは、スロット高調波である。固定子基本波磁束（$m=p$）によって生じた回転子電流により回転子スロット高調波$n=k_2 z_2+p$が生じ、これと固定子スロット高調波$m=k_1 z_1+p$との組合せにより、次のような極対数の小さい電磁力波が生じる。

ここで、$k_1=\pm 1$、$k_2=\pm 1$のみを考える。まず、$M=n-m=k_2 z_2-k_1 z_1$では、

◇$k_1=k_2=-1$のとき、

$$M = z_1 - z_2, \quad f_k = \frac{-z_2}{p}(1-s)f \quad \cdots\cdots\cdots\cdots(8)$$

◇$k_1=k_2=1$のとき、

$$M = z_2 - z_1, \quad f_k = \frac{z_2}{p}(1-s)f \quad \cdots\cdots\cdots\cdots(9)$$

となる。さらに、$M=n+m=k_1 z_1+k_2 z_2+2p$では、Mとf_kは次式のようになる。

◇$k_1=1, k_2=-1$のとき

$$M = z_1 - z_2 + 2p, \quad f_k = \left\{2 - \frac{z_2}{p}(1-s)\right\}f \quad \cdots\cdots(10)$$

◇$k_1=-1, k_2=1$のとき

$$M = z_2 - z_1 + 2p, \quad f_k = \left\{2 + \frac{z_2}{p}(1-s)\right\}f \quad \cdots\cdots(11)$$

以上から、電磁力モードMと電磁力の発生周波数f_kの関係をまとめると表3のようになる。

次に、表3を実際のモータにあてはめて計算してみる。ただし、固定子のス

〔表3〕電磁力の発生周波数とモード

電磁力モード M	電磁力の発生周波数 f_k (Hz)
$\|z_2 - z_1 + 2p\|$	$\left\{ k \dfrac{z_2}{p}(1-s) - 2 \right\} f$
$\|z_1 - z_2 + 2p\|$	$\left\{ k \dfrac{z_2}{p}(1-s) + 2 \right\} f$
$\|z_2 - z_1\|$	$\left\{ k \dfrac{z_2}{p}(1-s) \right\} f$

ただし、k:係数

〔表4〕計算による電磁力モードと発生周波数

No.	発生周波数 f (Hz)	電磁力モード M
1	1200	4
2	1440	12
3	4080	8

ロット数z_1=36、回転子のスロット数z_2=44、極対数p=2、すべりs=0、電源周波数f=60(Hz)とする。

(1) $|z_2 - z_1 + 2p|$ の発生周波数

電磁力モードMは

$$|36 - 44 + 4| = 4$$

となり、発生周波数f_kは、次のようになる。

$$\left\{ 1 \times \frac{44}{2}(1-0) - 2 \right\} \times 60 = 1200 \text{Hz}$$

(2) $|z_1 - z_2 + 2p|$ の発生周波数

電磁力モードMは

$$|44 - 36 + 4| = 12$$

となり、その発生周波数f_kは、次のようになる。

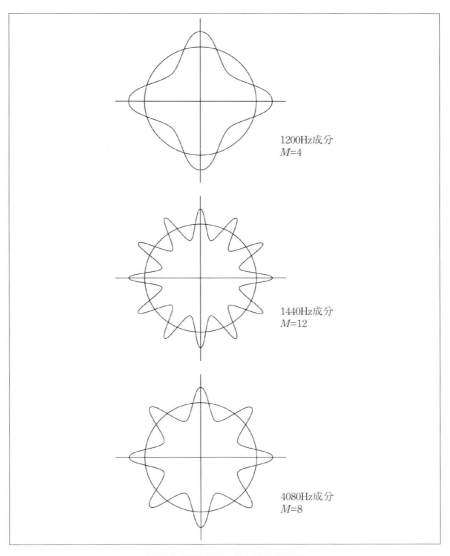

〔図7〕電磁力モードと発生周波数

$$\left\{1 \times \frac{44}{2}(1-0)+2\right\} \times 60 = 1440 \text{Hz}$$

(3) $|z_2 - z_1|$ の発生周波数
電磁力モードMは

$$|44 - 36| = 8$$

となり、発生周波数f_kは、$k=3$のときに次のようになる。

$$\left\{3 \times \frac{44}{2}(1-0)+2\right\} \times 60 = 4080 \text{Hz}$$

　電磁力モードと発生周波数の計算結果をまとめたものを表4に示す。また、電磁力モードを図7に示す。1200Hzは$M=4$の四角形モード、1440Hzは12角形モード、4080Hzは八角形モードである。

4．電磁力の計算
　電磁力は、エアギャップの高調波磁束の相互作用によって発生するもので、前述の式(5)を適用する。
　この式はマクスウェルの応力による電磁力である。モータの固定子鉄心の内径は、円筒座標系であることから、垂直方向の電磁力F_nと接線方向の電磁力F_tを式(12)と式(13)に磁束の有限要素法解析結果を代入することによって求める。

$$F_n = \int \frac{|B_n|^2 - |B_t|^2}{2\mu_0} d\ell \quad \cdots\cdots(12)$$

$$F_t = \int \frac{B_n \cdot B_t}{2\mu_0} d\ell \quad \cdots\cdots(13)$$

$\quad F_n$：積分路に直角な方向の電磁力（N/m²）
　　　（節点における電磁力）
$\quad F_t$：積分路の接線方向の電磁力（N/m²）
　　　（節点における電磁力）
$\quad \mu_0$：真空の透磁率

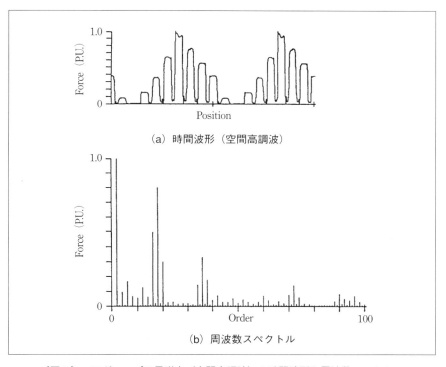

〔図8〕エアギャップの電磁力(空間高調波)の時間波形と周波数スペクトル

B_n : 垂直方向磁束密度 (T)
B_t : 接線方向磁束密度 (T)
ℓ : 積分路長 (m)

式(12)と式(13)を単位長について積分すれば、単位長当たりのマクスウェルの応力が求まることになる。半径方向の電磁力については、式(4)から求めた磁束密度と同様に、空間成分と時間成分を計算し、それぞれフーリエ解析を行って、周波数スペクトルを求める。これらの結果を、図8と図9に示す。前章で求めた三種類の周波数成分について、半径方向の電磁力の大きさF_nを表5に示す。

これらの電磁力の値から、主成分について振動計算を行う。電磁力波の式(8)から式(13)まで、有限要素法解析で求めた半径方向の電磁力を組み合わせる

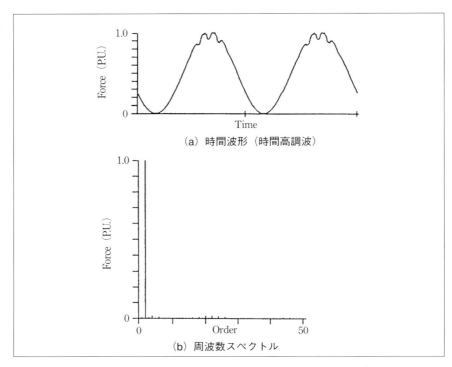

〔図9〕電磁力（時間高調波）の時間波形と周波数スペクトル

〔表5〕半径方向の電磁力

No.	周波数成分（Hz）	電磁力　F_n（N/m²）
1	1200	3.095×10^3
2	1440	2.346×10^3
3	4080	6.514×10^3

と、各周波数成分の電磁力f_nは式(14)のようになる。この値を使って機械系構造解析から振動応答を計算する。

$$f_n = \frac{B_n^2 - B_t^2}{2\mu_0} \cos\left[\left\{\begin{matrix}0\\2\end{matrix} \pm k_2 \frac{z_2}{p}(1-s)\right\}\omega t + \left(\frac{k_2 z_2 + k_1 z_1}{p} + \begin{matrix}2\\0\end{matrix}\right)\frac{\pi}{\tau}x_1\right] \quad \ldots\ldots (14)$$

次に、電磁力による振動の成分について数値計算を行う。
(1) 1200Hz成分（モード4）

$$f_n = 3.095 \times 10^3 \cos\left[\left\{2 - \frac{44}{2}(1-s)\right\}\omega t + 2\frac{\pi}{\tau}x_1\right] \quad \cdots\cdots\cdots\cdots (15)$$

(2) 1440Hz成分（モード12）

$$f_n = 2.346 \times 10^3 \cos\left[\left\{2 + \frac{44}{2}(1-s)\right\}\omega t - 6\frac{\pi}{\tau}x_1\right] \quad \cdots\cdots\cdots\cdots (16)$$

(3) 4080Hz成分（モード8）

$$f_n = 6.514 \times 10^3 \cos\left[\left\{2 + \frac{3 \times 44}{2}(1-s)\right\}\omega t - 4\frac{\pi}{\tau}x_1\right] \quad \cdots\cdots\cdots (17)$$

ここで　f_n：各周波数成分の電磁力波（N/m²）
　　　　ω：角速度（rad/s）
　　　　s：すべり　　t：時間
　　　　τ：極ピッチ　x_1：固定子の座標

おわりに

モータの電磁振動や騒音に関して、その発生源である電磁力について解説した。モータの振動や騒音は、①加振力である電磁力の周波数、電磁力モードと大きさを理解した上で、モータが取り付けられる装置への振動や騒音について考慮する必要がある。

「その2」では、②加振力である電磁力を受けるモータ固定子鉄心の電磁振動・騒音特性について解説する。

参考文献

1) 野田伸一, 森貞明, 石橋文徳：「小形誘導電動機の電磁振動」, 第3回電磁力関連のダイナミックシンポジウム講演論文集, No.1110, pp.128-133, 1991年
2) 野田伸一, 石橋文徳, 森貞明：「小型誘導電動機の固有振動数の検討」, 電気学会, 回転機研究会資料RM-92-31, pp.11-20, 1992年

3）石橋文徳，野田伸一，森貞明：「小形誘導電動機の電磁振動について」，電気学会論文誌D，112巻3号，pp.307-313，1992年

4）野田伸一，石橋文徳，井手勝記：「誘導電動機固定子鉄心の振動応答解析」，日本機械学会論文集C編，59巻562号，pp.1650-1656，1993年6月

5）石橋文徳，野田伸一："Frequencies and modes of electromagnetic vibration of a small Induction motor"，電気学会論文誌D，116巻11号，pp.1110-1115，1996年8月

6）野田伸一，石橋文徳，鈴木功，森貞明，糸見和信：「電動機固定子鉄心の周波数応答解析」，日本機械学会機械力学・計測制御講演論文集，No96，503，pp.229-232，1996年

7）石橋文徳，野田伸一：「誘導電動機の電磁場－振動・騒音場連系解析」，日本AME学会誌，Vol.7 No.1，pp.21-27，1999年3月

8）野田伸一，石橋文徳，小林芳隆：「誘導モータの磁束モード解析」，日本機械学会，No.04-251，第16回「電磁力関連のダイナミックス」シンポジウム2004，B311

9）石橋文徳，野田伸一，その他メンバー：「誘導電動機の電磁振動と騒音の解析技術」，電気学会技術報告，誘導機電磁騒音解析技術調査専門委員会，第1048号，2006年3月

8 モーター固定子鉄心に作用する電磁力による振動現象 その2

5．モータの機械系の振動特性

「その1」では、電磁力の大きさと周波数および電磁力モードを明らかにした。これらの電磁力によって、モータの固定子鉄心が振動し、さらにこの振動がフレームに振動伝播し騒音放射となる。電磁騒音を低減するには、電磁力の周波数と固定子鉄心の固有振動数とが共振現象を起こさないように、設計段階で共振回避を行う必要がある。それには、設計技術者が電磁力の発生周波数および固定子鉄心の固有振動数を精度良く予測できることが重要である。

5－1 電磁力による振動応答解析

多自由度系の振動の一般式は、式(18)のように表される。

$$[M]\{\ddot{u}(t)\} + [C]\{\dot{u}(t)\} + [K]\{u(t)\} = \{F(t)\} \quad \cdots\cdots (18)$$

外力と減衰がない場合、固有振動数とその振動モードは式(19)から求められる。

$$[M]\{\ddot{u}(t)\} + [K]\{u(t)\} = 0 \quad \cdots\cdots (19)$$

式(19)の解は、高調波も含めて式(20)のようにおける。

$$\{u(t)\} = \{\phi\}\sin\omega_n t \quad \cdots\cdots (20)$$

式(20)を式(19)に代入すると、式(21)が得られる。

$$([K] - \omega_n^2[M])\{\phi\} = 0 \quad \cdots\cdots (21)$$

電磁力による構造系の時間ステップ応答を計算するために、過渡解析を行う。過渡解析では物理系座標$\{u(t)\}$はモード座標$\{\xi(t)\}$に$\{u(t)\} = [\phi]\{\xi(t)\}$により変換される。速度$\{\dot{\xi}(t)\}$と加速度$\{\ddot{\xi}(t)\}$の時間刻み$\delta$を考慮すると、式(22)が得られる。

$$\{\dot{\xi}(t)\} = \frac{1}{2\delta}\{\xi(t)_{i+1} - \xi(t)_{i-1}\}$$
$$\{\ddot{\xi}(t)\} = \frac{1}{\delta^2}\{\xi(t)_{i+1} - 2\xi(t)_i + \xi(t)_{i-1}\} \quad \cdots\cdots\cdots(22)$$

ここで、i は計算ステップ数を表す。

これらの数式を用いて、数値積分の方程式が得られる。有限要素法による数値計算は、外力項に求めた電磁力を代入し、離散化して、時間ステップ応答解析によって行う。

5―2 電磁力による振動応答解析

図10に示すフレーム付き固定子鉄心の有限要素法モデルに対して、電磁加振力を与え振動応答を計算する。解析条件を表6に示す。加振周波数は、「その1」の第3章で計算した電磁力周波数の1200Hz、1440Hz、4080Hzの3条件について計算する。

フレーム付き固定子鉄心の固有振動数について、代表的な固有振動数と振動モードを、図11に示す。

これら固有振動数解析結果を基にして、振動応答解析を行う。対数減衰率は振動応答の変位量に影響を与えるものであることから、本計算では表7に示す実験データから各周波数の減衰係数を用いる。加振力は、電磁力の大きさと位相データを固定子鉄心の内径のティースの全周に与えて計算する。

固有振動数解析結果を基に電磁力を与え、時間ステップ応答解析を行った結果を図12に示す。さらに、1200Hz成分の電磁力の回転に対する振動応答の時間ステップ変化を、図13に示す。

この結果では、1200Hz成分の電磁加振力モードは$M=4$であるが、振動応答モードは$M_0=2$となっている。1440Hz成分の電磁加振力モードは$M=12$であるが、振動応答モードは$M_0=2$となっている。4080Hz成分の電磁加振力モードは$M=8$

〔表6〕解析条件

電磁力の加振点数	72点（固定子鉄心の内径の全周）
電磁加振力の周波数と加振力モード	(1) 1200Hz、モード $M=4$ (2) 1440Hz、モード $M=12$ (3) 4080Hz、モード $M=8$

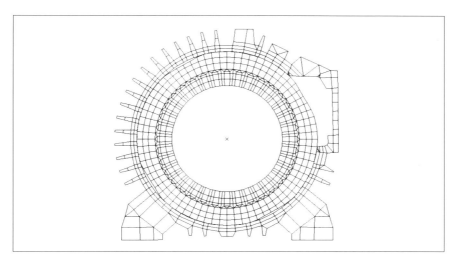

〔図10〕振動応答解析の有限要素法モデル

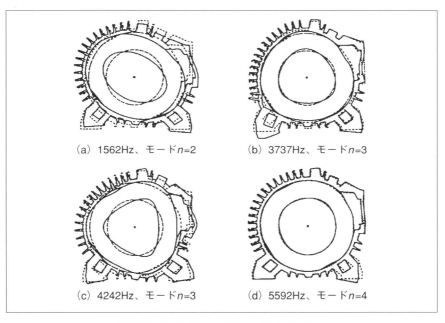

(a) 1562Hz、モード$n=2$　　(b) 3737Hz、モード$n=3$

(c) 4242Hz、モード$n=3$　　(d) 5592Hz、モード$n=4$

〔図11〕モータの固有振動モード（計算結果）

であるが、振動応答モードは少しひずんだモード$M_0=3$となっている。これらから、運転中のモードは加振力モードにより、近接の固有振動モード$n=2$と$n=3$の影響を受けていることがわかる。

図13から認められるように、電磁加振力は、時間とともに回転するモードに対して、振動応答のモードは振動の節が定まる定在波モードである。

ここで、n：固有振動モード、M：電磁加振力モード、M_0：振動応答モード（運転中のモード）とする。

〔表7〕実験モーダル解析によるダンピング係数（実験）

No.	固有振動数（Hz）	減衰係数（％）
1	1525	1.139
2	1702	1.086
3	2052	0.77
4	3265	1.236
5	3476	0.479
6	3730	0.915
7	4025	0.910
8	5630	0.540

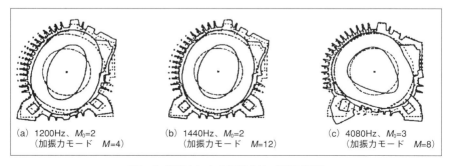

(a) 1200Hz、$M_0=2$（加振力モード $M=4$）
(b) 1440Hz、$M_0=2$（加振力モード $M=12$）
(c) 4080Hz、$M_0=3$（加振力モード $M=8$）

〔図12〕電磁力による振動応答（計算結果）

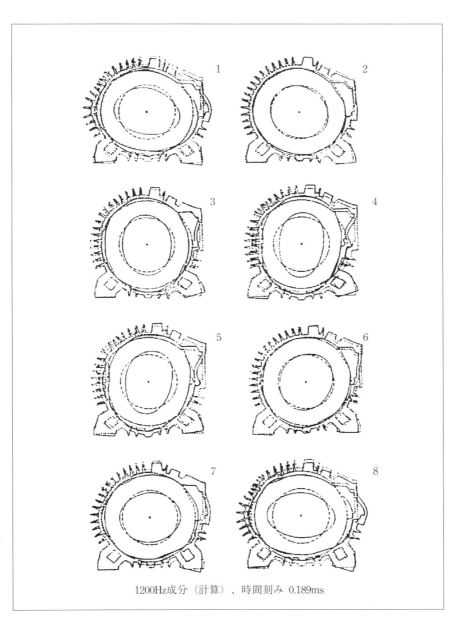

1200Hz成分（計算）、時間刻み 0.189ms

〔図13〕振動の時間的変化（計算結果）

6. 実験
6-1 実験方法

表8に、実験に用いたモータの仕様を示す。図14と図15に、モータの外観写真と断面図を示す。固定子鉄心の振動を測定するために、加速度ピックアップを取り付けるためのϕ30mmの孔をフレームにあけている。測定位置と測定番号は図16に示す。運転中の振動モードと固有振動モードの測定箇所は、孔をあけた位置の固定子鉄心の外周で13か所、フレームで固定子鉄心に対応する位置とその中間位置での25か所で、いずれの位置においてもモータの半径方向の振動を測定する。

6-2 運転中の振動モード測定

図17は、運転中の振動モードを測定するブロック図である。モータは、据え

〔表8〕実験用モータ

項　目	内　容
形　式	全閉外扇形
相数―極数	三相4極
定格出力	2.2kW
電圧―周波数	200V-60Hz
無負荷電流	3.4A
スロット数	36／44；固定子／回転子

〔図14〕供試モータの外観写真

付け条件の影響を受けないように、防振ゴムの上に設定する。

　振動モードの測定は次のように行った。加速度ピックアップ取り付け用の孔から固定子鉄心の一点に加速度ピックアップを接着剤で固定し、これを基準点とし、もう１個の加速度ピックアップはモード測定のために円周方向に順次位置を変えていく。この二つの信号を、２チャンネルのFFTアナライザによって

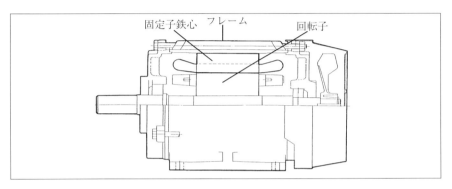

〔図15〕モータの断面図

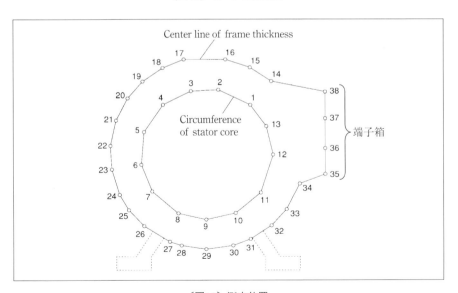

〔図16〕測定位置

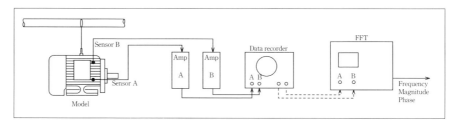

〔図17〕運転中の振動モードの測定ブロック図

解析し、伝達関数を求める。さらに、各周波数における基準点との間の振幅比と位相差を得て、鉄心の円周方向の振動モードを求める。運転は、無負荷運転で行う。

6-3 固有振動数、固有振動モードおよび減衰係数

固有振動数と固有振動モードは、インパルスハンマーの入力信号と振動加速度の応答信号を2チャンネルのFFTアナライザで分析して求める。また、各固有振動数におけるモーダルダンピング係数も求める。図18に、測定ブロック図を示す。運転中の振動モードを測定するときに注意することは、温度が定常状態になってから行うことである。温度が飽和するには運転開始後約1時間が必要であった、測定はすべて温度が飽和した後に試験する。

6-4 測定結果

6-4-1 運転中の振動モード

電源周波数60Hzにおける運転中の振動スペクトルを、図19に示す。図20にその中で顕著な周波数である1200Hz、1440Hzと4075Hzについて運転中の振動モードを測定した結果を示す。

この結果を見ると、運転中の振動モードは、1200Hzおよび1440Hzがモード$M_0=2$、4075Hzはモード$M_0=3$を示している。これは、「その1」の第4章で述べた有限要素法解析の結果と一致している。すなわち、電磁力モードが$M=4$、$M=12$、$M=8$であるのに対し、実際の振動応答モードは$M_0=2$と$M_0=3$であることが確認できた。

これにより有限要素法解析の妥当性が得られた。

6-4-2 固有振動モード

実験モーダル解析から静止時の固有振動数、固有振動モードを求めることによって、モータの運転中の振動モードとの関係を把握する。

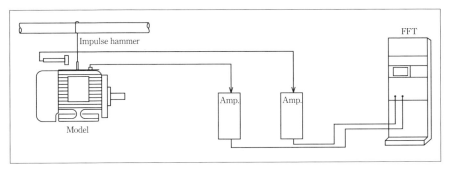

〔図18〕固有振動数と固有振動モードの測定ブロック図

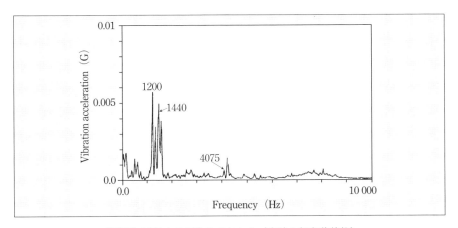

〔図19〕運転中の振動スペクトル（実験：無負荷状態）

　図21および図22は、インパルスハンマーで固定子鉄心およびフレームを打撃して求めた固有振動数スペクトルと固有振動モードを示す。ここで、固定子鉄心、回転子鉄心、フレームなどが組み立てられたモータ全体の構造であることから、固有振動数が多数出現している。固定子鉄心の固有振動数である1525Hz、2052Hzでは、大きなスペクトルとして現れている。固有振動モードの結果から、625Hzは$n=1$のモードの回転子の曲げ振動である。1525Hzと2052Hzは$n=2$のモード、3730Hzと4025Hzは$n=3$のモード、5630Hzは$n=4$のモードである。いずれもフレームを含む固定子鉄心の変形モードである。

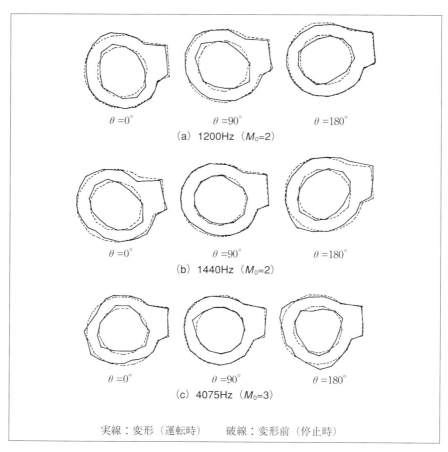

〔図20〕 運転中の振動モード（実験）

　実験結果から運転中はM_0=2、3などの変形モードで振動していることが認められた。これは解析した電磁力応答解析結果と一致している。電磁力モードのM=4、12、8が作用しても固有振動モードに近い形態で振動している。

　運転中の振動モードは、電磁力モードとは異なり、電磁力の発生周波数が構造系の共振範囲にある場合に固有振動モードに依存する。また、図20に示したように、振動の節が移動しないことから、定在波であり回転しないモードである。

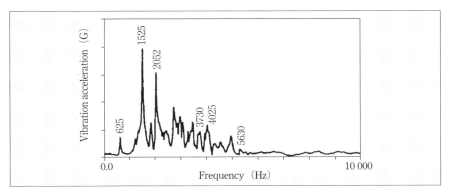

〔図21〕固有振動数スペクトル(実験)

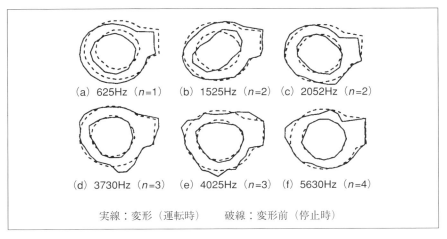

〔図22〕固有振動モード(実験)

7. 電磁力による振幅値
7—1 電磁力による変位量

　固定子鉄心と回転子鉄心間のエアギャップの高調波磁束により発生する電磁力には、前述したように種々のモードが存在する。一般に、モータの固定子鉄心は、電磁力高周波数の作用により引き起こされる電磁力を強制力として変形する。ここで、固定子鉄心に作用する電磁力の計算式は、電磁力のモードによ

って異なり、次のように計算される。
(1) モード0の場合

　　固定子高調波磁束と回転子高調波磁束によって生ずる、エアギャップ面の単位円周長当たりの電磁力は、具体的には、式(23)によって計算される。この場合、エアギャップの高調波磁束密度を計測するには、ティースにサーチコイルを巻いて検出する。

$$F_r = 3.979 \times 10^3 \times l_e \times B_n \times B_m \text{ (N/m)} \quad \cdots\cdots (23)$$

ここで、F_r：電磁力（N/m）
　　　　l_e：鉄心の実効長（m）
　　　　B_n, B_m：エアギャップの高調波磁束密度の最大値（T）

(2) モード1の場合

　　モード1の場合は、エアギャップの円周方向不平衡磁気吸引力が強制力になる。主電磁力はエアギャップ面全周で計算される。

$$F_r = 3.979 \times 10^3 \times \frac{\pi}{2} \times D \times l_e \times B_n \times B_m \text{ (N/m)} \quad \cdots (24)$$

ここで、Dはギャップ面直径（m）である。

(3) モード2の場合

　　モード2の場合、電磁力はモード1極当たり、次式のようになる。

$$F_r = 3.979 \times 10^3 \times l_e \times B_n \times B_m$$
$$\times \frac{1}{2}\left\{\frac{1}{M-1}\sin\left(\frac{M-1}{M}\frac{\pi}{2}\right) + \frac{1}{M+1}\sin\left(\frac{M+1}{M}\frac{\pi}{2}\right)\right\} \text{(N/m)} \quad \cdots\cdots (25)$$

ここで、Mはモード次数である。

(4) モードが3以上の場合

　　モード3以上の場合、モード1極当たりの電磁力は次式となる。

$$F_r = 3.979 \times 10^3 \times \frac{1}{M} D \times l_e \times B_m \times B_n \text{ (N)} \quad \cdots\cdots (26)$$

　以上の数式によって、振動や騒音の加振源である電磁力を求めることができる。この電磁力によって加振され、変形する鉄心の振幅は、簡略式であるが次式で計算できる。

①モード2の場合

[表9] 振動モードと振幅（単位：×10−7mm）の計算値と実験値の比較

周波数 (Hz)	振動モード	測定値 振幅	本解析の計算値	減衰を考慮しない計算	従来の計算式
1200	2	9.264	20.853	40.910	32.760
1440	2	7.969	23.445	43.640	0.961
4080	3	0.097	0.153	0.170	3.567

$$d = F_r / l_e \times D_m^3 / (600 \times E \times h_c^3) \text{(m)} \quad \cdots (27)$$

② モード3の場合

$$d = F_r / l_e \times D_m^3 / (25600 \times E \times h_c^3) \text{(m)} \quad \cdots (28)$$

③ モード4の場合

$$d = F_r / l_e \times D_m^3 / (7500 \times E \times h_c^3) \text{(m)} \quad \cdots (29)$$

④ モード5以上の場合

$$d = 75 \times F_r / l_e \times D_m^3 / (M^3 \times E \times h_c^3) \text{(m)} \quad \cdots (30)$$

ここで、　d　：変位（m）
　　　　　E　：縦弾性係数（MPa）
　　　　　D_m　：固定子ヨーク部平均直径（m）
　　　　　h_c　：固定子鉄心ヨーク厚（m）

7−2　電磁力による変位量の計算値比較

表9に振幅値の計算値と測定値を比較して示す。この結果からわかるように、従来の式による計算値よりも、本解析手法による計算値の方が測定値に近い値となっている。減衰係数を考慮しない計算では、一律にダンピング係数を仮定して計算しているが、本計算手法では、表7のダンピング係数を用いて計算している。計算値と測定値を比較すると、およその一致が得られた。

おわりに

モータの電磁振動や騒音について、その発生源である電磁力による高調波振動から固定子鉄心の振動応答までを解説した。モータの振動や騒音は、1加振力である電磁力の周波数、電磁力モードと大きさ、2モータ固定子鉄心の振動

特性を理解した上で、3モータが取り付けられる装置への振動や騒音、について考慮する必要がある。すなわち、機械装置の低騒音設計には、モータの音源の発生メカニズムを理解し、機械装置に振動伝達する構造面について取り組む必要がある。

参考文献

1) S.Noda, S.Mori, F.Ishibashi, K.Itomi : "Effect of coils on natural frequencies of stator core in small induction motor", IEEE Trans Energy Conv., EC2-1 pp.93-99, 1987
2) 野田伸一，石橋文徳，森貞明：「小形誘導電動機の電磁振動について」，電気学会論文誌D，112巻3号，pp.307-313，1992年
3) 野田伸一，石橋文徳，井手勝記：「誘導電動機固定子鉄心の振動応答解析」，日本機械学会論文集C編，59巻562号，pp.1650-1656，1993年6月
4) 野田伸一，鈴木功，糸見和信，石橋文徳，森貞明：「電動機固定子鉄心の固有振動数の簡易計算法」，日本機械学会論文集C編，60巻578号，pp.3245-3251，1994年10月
5) S.Nod, F.Ishibashi, K.Ide : "Vibration response analysis of Induction motor stator core", JSME International Journal, SeriesC, Vol.38, No.3, pp.420-425, 1995
6) 野田伸一，鈴木功，糸見和信，石橋文徳，森貞明，池田洋一：「誘導電動機のフレーム付き固定子鉄心の固有振動数」，日本機械学会論文集C編、61巻591号，pp.4195-4201，1995年11月
7) 石橋文徳，野田伸一："Frequencies and modes of electromagnetic vibration of a small Induction motor"，電気学会論文誌D，116巻11号，pp.1110-1115，1996年8月
8) 糸見和信，野田伸一，鈴木功，石橋文徳：「電動機固定子鉄心の固有振動数解析」，日本機械学会論文集C編，64巻624号，pp.2833-2839，1998年8月
9) 野田伸一，糸見和信，石橋文徳，井手勝記：「二層円環におけるはめあい面圧と固有振動数」，日本機械学会論文集C編，65巻629号，pp.23-29，1999年1月
10) F.Ishibashi, S.Noda, M.Motizuki : "Numerical simulation of electromagnetic vibration of small induction motors", IEE Proc.-Electr. Power Appl. Vol.145, No.6, pp.528-534, 1998.11

11）石橋文徳，野田伸一：「誘導電動機の電磁場―振動・騒音場連系解析」，日本AME学会誌，Vol. 7 , No.1, pp.21-27, 1999年3月

9 小型誘導電動機の電磁加振力と構造物の振動・騒音

1. はじめに

モータはアクチュエータとして各種機器に使用されている。さらに、近年ではモータを有する機器の多くが、原価低減・軽量化等の理由による構造物の薄肉化、モータの無段階回転数制御等により、振動・騒音問題をより複雑にしている。このような背景から、産業的には、モータを有する機器全体の振動・騒音特性を、設計段階で事前に把握したいという要求が強くなっている。

モータを有する機器の振動・騒音特性を把握するためには、図1に示す通り、モータを機器に対する加振力発生源として捉え、この加振力がどのように機器へと伝達されるかについて考える必要がある。図は、振動・騒音発生の基本的な流れ、すなわち加振力が構造体(振動系)に作用することで振動・騒音が発生するという流れに従っている。図中の左側が機器の加振源となるモータであり、図中下部に示した通り、モータはさまざまな要因によって振動・騒音を発生することがわかっている[1]。つまり、構造物(機器)が発生する振動・騒音

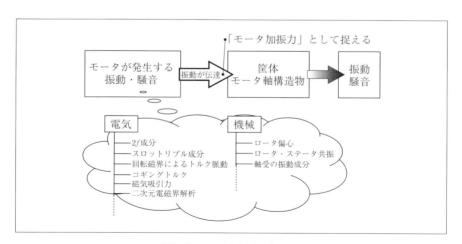

〔図1〕モータ加振力の捉え方

[表1] 対象としたコンデンサモータの仕様

モータ種類	誘導電動機（コンデンサモータ）
定格コンデンサ容量	4.5μF
定格出力	30 W
極数	6
ステータスロット数	24
ロータスロット数	34
すべり	0.04 （=960 rpm：無負荷）

を把握するためには、図中に示したモータが発生する振動（加振力）を構造物に対する「モータ加振力」として捉え、構造物にどのように伝達されるかを知ることが重要である。

ここでは、家電製品等の機器にアクチュエータとして広く利用されている、小型の誘導電動機（コンデンサモータ）を対象として、モータ加振力の特性、この加振力によって発生する構造物の振動・騒音を求める際に必要な事項について解説する。

2．小型コンデンサモータの加振力特性[2]

2—1 モータ加振力を直接計測するための実験装置

小型の誘導電動機（コンデンサモータ）を対象に、モータ加振力の特性について解説する。対象とするモータは表1に示すコンデンサモータ（以下、モータとよぶ）である。このモータが発生するモータ加振力を直接計測するため、ロードセル（力センサ）を用いて図2に示す実験装置を構成した。実験装置は主に、モータ、ロードセル（力センサ）、および支持構造物とにより構成される。モータは、ロードセルを介して支持構造物に結合される。この実験装置のポイントは、ロードセルでモータ加振力を正確に計測するために、支持構造物の剛性を高くした点にある。支持構造物は図中に示した通り、220×220×220mmの鋼材で製作した立方体（質量83kg、高剛性ブロックとよぶ）とした。高剛性ブロックの単体の最低次固有振動数は約6.7kHzであり、後ほど解説するモータ加振力の主成分となる周波数成分（数百Hz）と比べ、十分に高い剛性となっている。モータは図に示したように、取り付け部（以下、モータ足とよぶ）を四か所有している。一つのモータ足（図中の足1）は、ロードセルを介

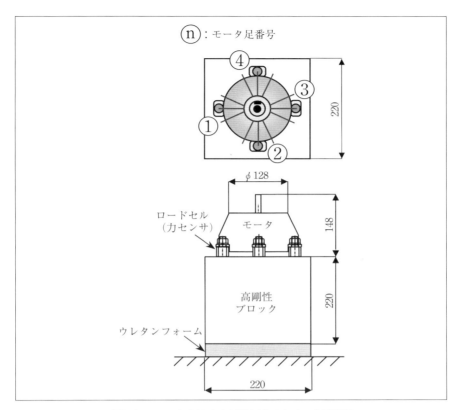

〔図2〕モータ加振力を直接計測するための実験装置

して、高剛性ブロックに連結される。なお、図中の足1～4は、モータ足を便宜的に区別するために設けた番号であり、足1から足4までを図に示したように反時計回りに番号付けした。

ロードセルを用いた、モータ加振力の直接計測の基本構成は上記で述べた通りである。さらに計測的な配慮から、高剛性ブロックの下にはウレタンフォームを敷いた。これは、床から高剛性ブロック、さらにはロードセルへと伝達する不要な振動を、ウレタンフォームによって絶縁することを目的としたものである。

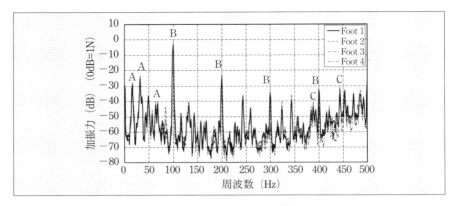

〔図3〕モータ加振力の周波数特性

2—2 モータ加振力の周波数特性

　モータ定常回転時において、計測したモータ加振力の周波数特性を図3に示す。図中には、一個のロードセルを四つのモータ足に順次設置し、設置足ごとにモータ加振力を計測した結果を重ねて示してある。図から、各モータ足において計測されたモータ加振力の周波数特性は、ピーク値に若干の差はあるものの、ほぼ同じと捉えてよいことがわかる。したがって、今回対象としたコンデンサモータにおいて、モータ加振力の周波数特性を概略評価する場合には、一つのモータ足に設置したロードセルの計測結果で代表させてよいといえる。

　周波数分析結果には、多くのピーク周波数成分が認められる。これらは、主として以下に示す三つの要因によって発生することがわかっている。
(1) モータ回転部の偏心によるアンバランス成分とその高調波成分（図3中A印）
(2) モータの電磁気的な要因による$2f$成分とその高調波成分（図3中B印）
(3) スロットリプル成分（図3中C印）

　上記(1)〜(3)の要因によって現れるピーク周波数成分のうち、100Hzに認められるピーク周波数成分は、他のピーク周波数成分に比べて大きさが大きいことから、モータ加振力として最も重要であることがわかる。この成分は、モータの電源周波数f（50Hz）の二倍の周波数$2f$（100Hz）で構成されるものであり、一般に$2f$成分とよばれる。実際に、モータを有する構造系（機器）においては、この$2f$成分が可聴域にあることから電磁音として騒音問題となることが多い。

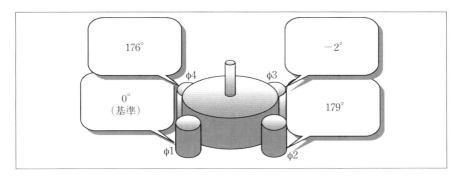

〔図4〕 モータ加振力の位相特性

したがって、モータ加振力の2f成分に注目し、これによって発生する振動・騒音解析を行うことは有用である。以後、「モータ加振力」という言葉は、モータ加振力の2f成分を意味して使うこととする。

2—3 モータ加振力の位相特性

図2で示した通り、対象としたコンデンサモータは四つ足で支持構造物に結合される。このため、各足で発生するモータ加振力に関して、その大きさの他に位相関係について知っておく必要がある。この位相特性は、後述する構造物の振動応答解析において非常に重要な意味を持つ。

図2で示した実験装置において、ロードセルをモータ足1に固定して設置し、別のロードセルを足2、3、4と移動させながら位相を計測した。図4に位相の計測結果を示す。図より、モータ加振力の位相は概ね、向い合うモータ足どうしで同相、隣り合うモータ足どうしで逆相となることがわかる。

2—4 モータ加振力を受ける薄肉平板の振動応答

はじめに述べた通り、得られたモータ加振力を用いることで、構造物(機器)の振動応答、さらには放射音を求められることが望ましい。そこで、計測したモータ加振力を用いて、薄肉平板の振動応答を計算する方法について説明する。

振動応答計算の検証用として、図5に示す鋼板 (800×600×3.2mm) を用意し、その中央にモータを設置した。同時に、この実験装置の有限要素モデルを作成した。図6に、汎用の有限要素ソフトウェアを用いて作成した、鋼板・モータ系の有限要素モデルを示す。有限要素モデルにおいて、モータは剛性の高

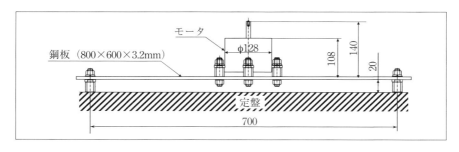

〔図5〕モータを鋼板で弾性支持した実験装置

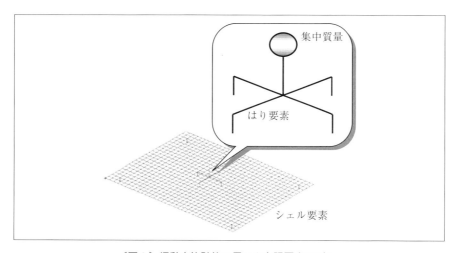

〔図6〕振動応答計算に用いた有限要素モデル

いはり要素、ならびに集中質量とによりモデル化し、鋼板はシェル要素でモデル化している。

　次に、作成した有限要素モデルの固有振動数、ならびに固有振動モードを計算した。一方、実験モード解析によって、実験装置の振動特性を求めた。表2に、固有振動数の計算結果と実験結果とを示す。また、図7に振動モードの比較の一例を示す。表2より、固有振動数の計算結果と実験結果とは、低次から高次までよく一致していることがわかる。また、振動モードに関しては図7に一例を示したが、その他のモードも含めて計算結果と実験結果のモード形状が

〔表2〕固有振動数の計算結果

次数	固有振動数（Hz）実験値	固有振動数（Hz）計算値	次数	固有振動数（Hz）実験値	固有振動数（Hz）計算値
1	20	20	13	211	213
2	38	39	14		217
3	53	54	15	236	237
4	69	66	16	260	267
5	85	86	17		277
6	90	90	18	297	304
7	108	106	19	314	316
8	117	115	20		317
9	127	128	21		330
10	163	166	22		365
11	170	171	23	380	390
12	181	181	24	400	403

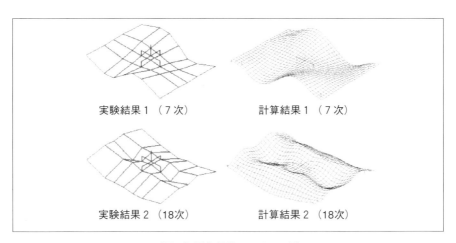

実験結果1（7次）　　計算結果1（7次）

実験結果2（18次）　　計算結果2（18次）

〔図7〕固有振動モードの一例

よく一致することを確認した。すなわち、実験装置の振動系モデル化を有限要素法によって精度よく行うことができたといえる。

　作成した有限要素モデルに、計測したモータ加振力（先述の通り、大きさと

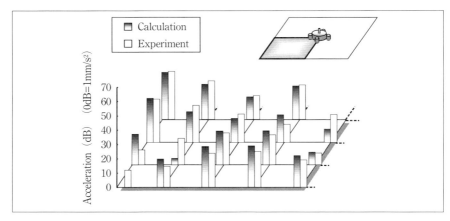

〔図8〕鋼板の振動応答計算結果1 （計測したモータ加振力の大きさと位相を入力）

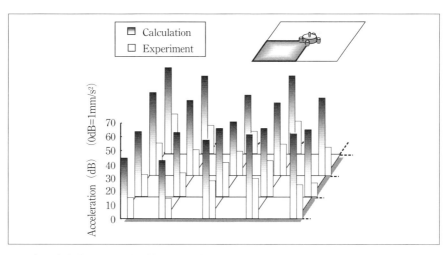

〔図9〕鋼板の振動応答計算結果2 （モータ加振力の位相をすべて同相とした場合）

位相を用いることが重要）を入力し、鋼板の振動応答を求めた。図8に振動応答の計算結果と実験結果とを同時に示す。図は、鋼板の各点における加速度の大きさを棒グラフとして表示したものであり、結果の比較は鋼板の1/4面で行っている。図において、計算結果と実験結果は、各点においてほぼ一致してい

る。すなわち、計測したモータ加振力を用いることによって、鋼板の振動応答が求められるということを示しており、構造物のモデル化が有限要素法により比較的簡単に行えることを考えると、いかにモータ加振力が重要かがわかる。

さらに、モータ加振力の位相の入力方法が、振動応答計算結果に与える影響について示す。通常複数のモータ足を有し、各種構造物（機器）と接続されるモータにおいて、各足のモータ加振力の位相を知ることは非常に重要である。ここでは、各モータ足で発生するモータ加振力がすべて同相であると仮定して、振動応答を計算してみる（実際の位相は図4に示した通り、同相とはならない）。位相を同相としたときの振動応答計算結果を図9に示す。図中の振動加速度の大きさに注目すると、鋼板上のいずれの点においても、計算結果は実験結果と比較して、20dB～40dB程度も大きくなってしまう。つまり、モータ加振力を受ける構造物の振動応答解析を精度よく行い、構造設計に生かすためには、精度のよい位相の把握が重要である。なお、以上の過程で振動応答を精度よく求めることができれば、音場計算ソフトウェア等を用いることで振動放射音も精度よく求めることができる[3]。

3．小型コンデンサモータのトルク脈動によって発生するモータ加振力の計算
3—1 トルク脈動がモータ加振力に変換されるメカニズム

2．では、モータ加振力をロードセル（力センサ）で直接計測する方法、さらにはモータ加振力によって発生する構造物の振動応答計算の要点について解説したがさらに一歩踏み込んで、電磁気的な要因によって発生するモータ加振力を、計測に頼らずに計算によって求める方法について解説する。

今回対象としたコンデンサモータは、アクチュエータとして有効なトルク成分の他に、電源周波数fの二倍の周波数$2f$で振動するトルク脈動成分を発生し、このトルク脈動が振動や騒音の一因となる[4～7]。モータを有する構造物（機器）においては、このトルク脈動成分がモータ足やモータ軸を介して構造物に伝播し、場合によっては振動・騒音問題を引き起こすことに注意が必要である[8]。ここで、誘導電動機の機械構造の概要を図10に示す。モータは大きく分けて、ロータ、ハウジング部、およびエンドプレートとにより構成されている。エンドプレートには、モータを構造物（機器）に取り付けるためのモータ足が複数ある。ハウジング部は、ハウジングとこれに圧入されたステータとにより構成される。エンドプレートとハウジングとは外周部でねじ等により結合される。

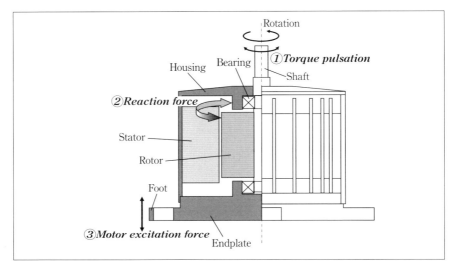

〔図10〕誘導電動機の機械構造概要

ロータは、ベアリングを介してハウジングおよびエンドプレートに保持される。商用電源周波数の二倍の周波数に現れるモータ加振力は、図中に示したようにモータ足に発生する加振力であり、モータが薄肉構造物に取り付けられた場合、この加振力は構造物に対して面外方向の加振力となる。一方、トルク脈動はモータの円周方向の加振力であり、薄肉構造物にとっては面内力になる。モータ円周方向の加振力であるトルク脈動が、それとは異なる方向のモータ加振力にどのように変換されるかを考えてみる必要がある。そこで、次のようなメカニズムでモータ加振力が発生すると考える。

(1) モータの電磁気的現象によりトルク脈動が発生する（図10中①）
(2) トルク脈動の反力がステータに円周方向に作用する（図10中②）
(3) ステータ・ハウジング、さらにはエンドプレートへトルク脈動の反力が伝達する
(4) エンドプレートがこの力により変形し、モータ加振力が発生する（図10中③）

　(1)～(4)の流れに沿って後述の各種計算を行うことで、モータ加振力を求めることができる。

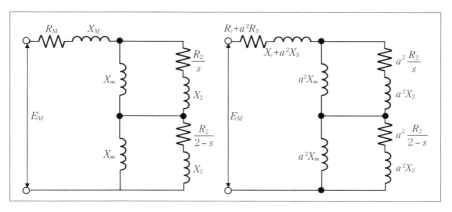

〔図11〕コンデンサモータの二相等価回路[4~7,9]

3-2 トルク脈動の計算

コンデンサモータのトルク脈動は、図11に示す二相等価回路を用いた計算により求めることができる[4~7,9]。電源周波数の二倍成分に現れるトルク脈動の大きさT_Vは、次式を用いて得ることができる。

$$T_V = \frac{P}{2\pi f}|\mathbf{I}_{1P}|\cdot|\mathbf{I}_{1N}|\cdot|\mathbf{Z}_P - \mathbf{Z}_N| \quad\cdots\cdots\cdots\cdots\cdots\cdots(1)$$

P：極数
f：電源周波数
$|\mathbf{I}_{1P}|$：正相分電流$\mathbf{I}_{1P}$の大きさ
$|\mathbf{I}_{1P}|$：逆相分電流$\mathbf{I}_{1N}$の大きさ
$\mathbf{Z}_P$：主巻線に換算した二次側正相分インピーダンス
$\mathbf{Z}_N$：主巻線に換算した二次側逆相分インピーダンス

関連式を省略しているので式(1)のみからはわからないが、トルク脈動T_Vは接続するコンデンサ容量、モータの回転数(負荷)等で変化する特性を有している。

式(1)で求めたトルク脈動の妥当性を調べるために、図12に示す実験装置を用いてトルク脈動の計測を行った。実験装置は主に、モータ、四枚の羽根を持つファン、および高剛性ブロックとにより構成されている。モータ軸に取り付

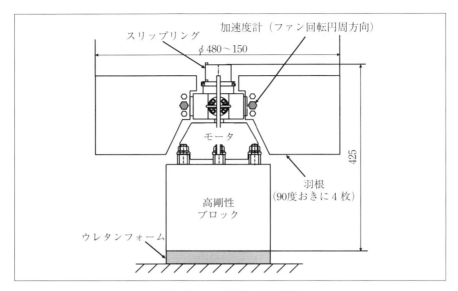

〔図12〕 トルク脈動の測定装置

けたファンは、モータへの負荷すなわち回転数を変化させるために設けたものであり、負荷を変化させるために表面積の違う羽根を数種類用意した。トルク脈動は、回転半径rの位置における円周方向（接線方向）加速度aから求めることができる。モータロータ、ファンを含むモータ軸に関する慣性モーメントをJとすると、トルク脈動T_Vは、

$$T_V = \frac{aJ}{r} \quad \cdots\cdots\cdots\cdots\cdots\cdots\cdots\cdots\cdots(2)$$

で求めることができる。なお、円周方向の加速度aは、モータ軸に対して対称の位置に取り付けた二つの加速度計によって計測した。これら二つの加速度信号の差を求めることで、半径方向成分を除去することができ、円周方向の加速度成分のみを抽出できる。

トルク脈動の計算結果と実験結果との比較を図13に示す。図において、実線がトルク脈動の計算結果を、各プロットが実験結果をそれぞれ示している。計算および実験は、モータの電源電圧を200V一定とし、モータの補助巻線に接

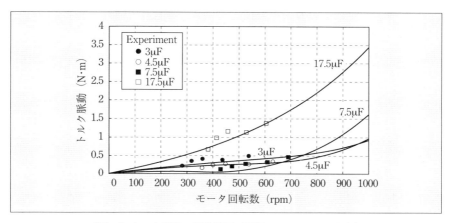

〔図13〕トルク脈動の計算結果（電源200V / 50Hzの場合）

続するコンデンサ容量を3μF、4.5μF、7.5μF、17.5μFと変化させて行った。図の結果から、次のことがわかる。
(1) 回転数の増加に伴い、トルク脈動の計算結果ならびに実験結果は増加していく。
(2) 500rpm以下の回転数に注目する。トルク脈動の実験結果は、コンデンサ容量が7.5μF、4.5μF、3μF、17.5μFの順に大きくなる。このように複雑に変化するコンデンサ容量とトルク脈動の大きさとの関係を、図中の計算結果（実線）はよく表している。

さらに、コンデンサ容量の変化だけでなく、その他のパラメータも変化させ、トルク脈動の計算を行った結果を示す。図14に、さまざまな条件で求めたトルク脈動の計算結果と実験結果とを、比較して示す。図において、横軸がトルク脈動の実験結果を、縦軸が計算結果を示している。図中に示した条件でコンデンサ容量、電源電圧、ならびに回転数（ファン負荷の大きさ）を変化させた。図から、計算結果と実験結果とが同じであることを示す実線上に、ほとんどの点が分布していることがわかる。つまり、さまざまな条件において発生するトルク脈動を、計算によって求めることができると言える。

3—3 トルク脈動によるモータ加振力の計算

図10で示したメカニズムにしたがい、トルク脈動を用いたモータ加振力の計算について解説する。モータの構造解析を行うため、対象としたコンデンサモ

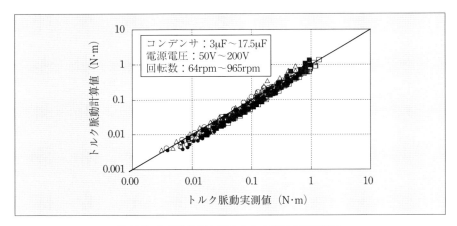

〔図14〕各種条件におけるトルク脈動の計算結果

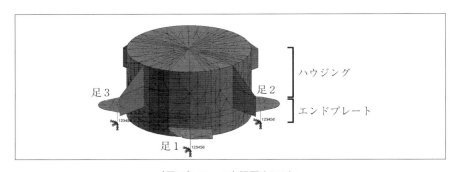

〔図15〕モータ有限要素モデル

ータの有限要素モデルを作成した。図15に作成したモータ有限要素モデルを示す。モデルの作成に用いた有限要素は、計算負荷を減らす目的で、低次のシェル要素およびはり要素を用いた。実際のコンデンサモータにおいて、ステータは鋳造アルミニウム合金製のハウジングに圧入されている。また、このハウジングはエンドプレートにねじ止めされている。圧入やねじ止めといった結合方法を有限要素モデル化するときには、実機に対応した正しいモデル化ができたかどうかを確認することが重要である。ここでは、モータを分解したときの各部品の固有振動数・固有振動モードを求めることから行い、モデル化の妥当性を検討した。

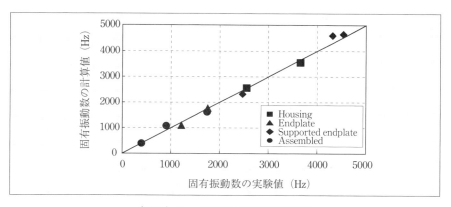

〔図16〕モータの固有振動数計算結果

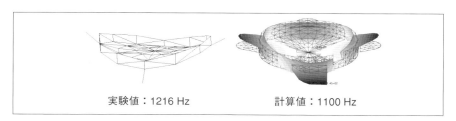

〔図17〕モータ各部品の固有振動モードの一例

　図16に、モータ各部品および組み立て後の固有振動数の計算結果と実験結果との比較を示す。図において、横軸が固有振動数の実験結果を、縦軸が計算結果をそれぞれ示しており、各プロットが図中の実線上にあれば計算結果と実験結果とが一致していることを示している。なお、ハウジング部単体ならびにエンドプレート単体の固有振動数計測は、それぞれを糸で吊り下げた状態で行った（図16中■印、▲印）。さらに、エンドプレート単体については、これを高剛性ブロックに設置して固有振動数を計測した（図16中◆印）。全体組み立て後の計測は高剛性ブロック上で行った（図16中●印）。図17に固有振動モードの比較の一例を示す。固有振動モードの図は、エンドプレート単体の例を示した。図より、固有振動モードもよく一致することがわかる。以上の通り、図16・図17で示した検討を行うことで、精度よくモータの振動系モデル化を行うことができる。

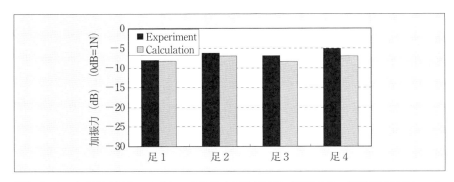

〔図18〕 トルク脈動の反力によるモータ加振力の計算結果（運転条件：電源電圧200V，コンデンサ容量4.5μF，回転数631rpmのとき）

　モータ有限要素モデルのステータに、計算で求めたトルク脈動の反力を荷重として与えた。そのときの、モータ足を支持する部材に発生する力、すなわちモータ加振力を計算した。各足におけるモータ加振力の大きさの計算結果を実験結果と比較して図18に示す。図に示した結果から、次の二つの特徴が認められる。なお、実験結果は、図2で示した実験装置において、モータ加振力をロードセル（力センサ）により直接計測した結果を示している。
(1) 対向する足1と足3とが、または足2と足4とが、ほぼ同じ大きさを示していること。
(2) 足2と足4の加振力の大きさが、足1と足3の加振力の大きさよりも大きいこと。
　これらの特徴は計算結果にも現れており、各足で得られるモータ加振力を精度よく得ることができている。さらに、モータの運転条件を変化させ、これに応じたトルク脈動を用いてモータ加振力を計算して比較を行った。なお、モータ加振力の大きさは図18で示したようにモータ各足で厳密には同じとはならないが、ほぼ同程度の大きさと考えてもよいレベルである。そこで、一つの足（足1）の計算結果に注目して比較を行うこととする。
　図19に、足1におけるモータ加振力の大きさの計算結果と実験結果との比較を示す。図は、トルク脈動の大きさに対する、モータ加振力の大きさの関係を示している。図の横軸はトルク脈動の大きさを、縦軸はモータ加振力の大きさをそれぞれ示している。図中の実線が計算結果を、黒丸印が実験結果をそれぞ

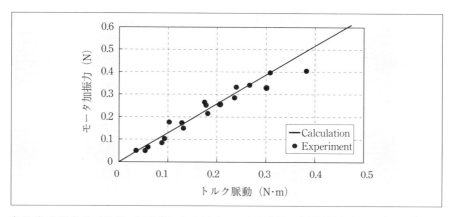

〔図19〕各種条件（電圧、回転数）におけるモータ加振力の計算結果（コンデンサ容量は4.5μF一定）

〔表3〕位相の計算結果

	位相（Deg.）	
	実験値	計算値
足1	0	0
足2	179	179.9
足3	−2	−0.01
足4	176	179.9

れ示している。実験結果は、モータを高剛性ブロックに取り付け、コンデンサ容量を4.5μF一定とし、電源電圧および回転数を変化させてモータ加振力の計測を行った。図より、トルク脈動の反力によって二次的に発生する、モータ加振力の計算結果は、実験結果とほぼ一致していることがわかる。

また、対象としたコンデンサモータは、構造物に固定するための足を四つ有している。前章で示した通り、各足におけるモータ加振力間には位相を有する点に注意が必要である。モータの有限要素モデルを用いて、モータ各足の加振力の位相を振動応答計算結果から求めた。位相の実験結果と計算結果を表3に示す。表中の位相は、モータ足1を基準（0度）としたときの他の各足における位相関係を示している。実験結果における位相は足1を基準として、概ね、足2は逆相、足3は同相、足4は逆相となる。計算によって求めた各足の位相

は、実験結果の各足の位相関係をよく表しており、モータ加振力の大きさと同様に位相も計算によって求められることがわかる。

4．おわりに

　モータを有する構造物（機器）の振動・騒音を設計時に見積もるために、モータの発生振動を、構造物に対する「モータ加振力」と捉え、実際に構造物の振動・騒音を見積もる際に重要となる事項について、小型のコンデンサモータを対象に、主に次の事項について解説した。

(1) モータ加振力の特性を正確に得るための第一ステップとして、ロードセル（力センサ）を用いて加振力を直接計測、評価する方法について解説した。
(2) ロードセルで直接計測したモータ加振力を用いることで、モータ支持構造物の振動応答を求めることができる。その際、入力データとして使用するモータ加振力は、その大きさだけでなく、複数あるモータ足間の位相特性も重要であることを解説した。
(3) 構造物の振動・騒音予測といった観点から、モータ加振力も計算によって得られることが望ましいと考え、コンデンサモータのトルク脈動によって二次的に発生する、モータ加振力の計算方法について解説した。

　なお、周知の通り、今回対象としたコンデンサモータ以外に、さまざまな駆動方式、制御方式のモータが開発、実用化されており、「モータ加振力」も各種方式により多少異なる特性を有することも考えられる。しかし、構造物（機器）の振動・騒音を求めるためにモータ加振力をどのように捉え、機器設計に活用するかについては、ここで述べた方法を有効に利用できると考える。

参考文献

1) 斉藤文利：「ロー・ノイズ・モータ」，総合電子出版，1983年
2) 太田裕樹，佐藤太一，岡本譲治，長井誠，長橋克章：「直接法によるモータ加振力の計測」，日本機械学会論文集C編，70巻 700号，pp.3369-3375，2004年12月
3) H. OTA, T. SATO, M. TAGUCHI, J. OKAMOTO, M. NAGAI and K. NAGAHASHI: "Development of Noise Prediction System for Mechatronic Products with Electric Motors", Proc. of 5th France-Japan Congress, (2001), pp.39-44
4) Morrill W. J.: "The Revolving Field Theory of the Capacitor Motor", Trans. A.

I. E. E., 48, (1929), pp.614-632
5) 岐部淳治ほか2名：「単相誘導電動機のトルク特性について」，電学誌，82巻881号，pp.190-199，1962年
6) 横塚勉：「コンデンサモータの振動トルク特性」，電学誌，91巻3号，pp.501-510，1971年
7) 鈴木正見ほか4名：「コンデンサモータの定常特性計算プログラム」，愛知電機技報，23，pp.23-29，2000年
8) H. OTA, T. SATO, C. BAUP, J. OKAMOTO, M. NAGAI and K. NAGAHASHI : "A Method for Calculating the Electromagnetic Noise of a Motor-Driven Thin Blade Fan", Microsystem Technologies, Vol. 11, No. 8-10, (2005), pp.559-594
9) A. L. Kimball Jr. and P. L. Alger : "Single-Phase Motor-Torque Pulsations", Trans. A. I. E. E., 43, (1924), pp.730-739

10 電磁力に起因する電動機の振動・騒音のシミュレーション

1. はじめに

　電動機は超小形から発電設備に用いるような大形機械の駆動源として多く用いられている。とくに最近の電気自動車に代表されるように中小形電動機の用途が広範囲になっている。最近の電動機の開発において、電気特性の性能向上とともに、構造的には小形化・軽量化の傾向にあり、これに伴い振動や騒音が発生しやすくなってきている。とくに騒音が開発上の大きな課題となっている。電動機の騒音は大別して (1)冷却ファンからの通風によるもの、(2)軸受やギヤ等の機械的なもの、(3)磁気ひずみにより発生する電磁力の高調波加振力によるもの、の三種類に分けられる。図1に電動機の構造、図2に振動騒音を分類して示す。図中、上記(3)に相当する電磁振動騒音は磁気振動音である。現在、多く用いられている中小形電動機の場合は(3)に起因する電磁力とフレームの共振による振動騒音が大部分を占める。このため快適性や静粛性の観点から、電動機の電磁力によって発生する振動や騒音の低減要求が多くなってきて

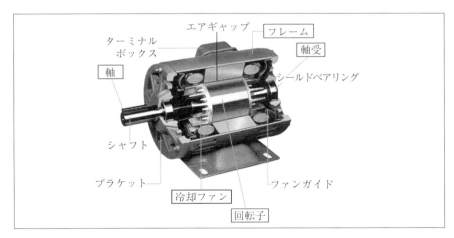

〔図1〕誘導電動機の構造

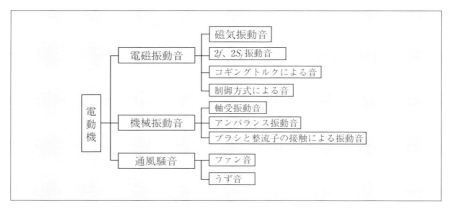

〔図2〕電動機の振動騒音の分類

いる。このような要求を満たすために、製品の設計段階で構造物の振動やこの振動から発生する騒音をシミュレーションによって予測することが望まれている。このシミュレーションにより、試作回数が低減し、製品開発の期間短縮や開発コスト低減に貢献できる。

振動騒音の加振源である磁束は有限要素法を用いて詳細に計算できるようになってきた。この磁束を用いてマクスウェルの電磁応力の式から電磁力が求められる。この電磁力の高調波成分が可聴領域の騒音を引き起こし、高調波成分の発生や大小関係はスロットコンビネーションに依存している[1]。

騒音を数値計算によって精度よく予測するためには、構造振動解析の高精度モデル化が重要である[2,3]。また、騒音は構造振動のモードに大きく影響を受けるために三次元として扱う必要がある。

図2に示す電磁振動音のうち、高調波電磁力に起因する磁気振動音を対象に、有限要素法を用いた2次元電磁力の解析に基づいて求められた高調波成分によって発生する電動機の3次元振動・騒音解析手法について、モデル化とその結果について具体的な例をもとに解説する[4,5]。つぎに、電磁力の空間モード（円環モード）とフレーム部のそれぞれの固有モードとから共振の度合を示す共振判定値、およびモード外力を定義し、電磁振動への影響を示す。

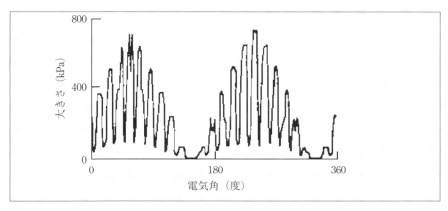

〔図3〕電磁応力の波形

2. 電動機の振動・騒音解析法
2—1 電磁応力の高調波成分解析[1]

電磁界解析により回転子を固定子内周一回りしたときのエアギャップにおける空間磁束密度は有限要素法等によって求められる。この求めた磁束密度波形には基本波の上に高調波成分が重畳している。

有限要素法等によって分割された各点の半径方向および周方向高調波磁束密度B_r、B_tおよび透磁率μ_0からマクスウェルの応力方程式を用いて、半径方向の電磁応力σ_rは次式で求められる。

$$\sigma_r = \frac{1}{2\mu_0}\left(B_r^2 - B_t^2\right) \quad\cdots\cdots(1)$$

図3に電気角360度の電磁力の波形を示す。この図に示すように基本波成分と基本波の整数倍の高調波成分が含まれている。電磁騒音の発生には低周波である基本波の影響は少なく、可聴領域にある高調波成分に依存する。電磁力は回転子が固定子内を1回転する時間と回転角位置を示す空間の関数として表すことができ、この波形をフーリエ級数に展開すると次式で表される。

$$\sigma_r = \sum_k \sum_l a_{k,l} sin(kx - l\omega t + \alpha_{k,l}) \quad\cdots\cdots(2)$$

ここで、$\omega(=2\pi f)$は固定子電流の角周波数（rad/s）、fは電源周波数（Hz）、lは

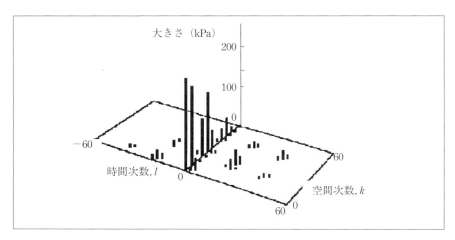

〔図4〕電磁応力のスペクトル分布

時間次数、kは空間の次数である。また、$a_{k,l}$は高調波成分の振幅、$α_{k,l}$は位相角である。

図4に電磁応力の2次元スペクトル分布を示す。時間次数の負の値は後退波、正の値は前進波を意味し、構造を励起する周波数に対応する。空間次数は固定子の周方向に沿って半径方向の電磁力分布を示す。2次元スペクトル分布から、1つの時間次数に対して複数の空間次数を持ち、一方、1つの空間次数においても複数の時間次数を持つことがわかる。空間次数kは半径方向の変形に関係し、円環モード次数nへの変換は電動機の極数をpとしたとき次式で行う。

$$n = k \times (p/2) \quad \cdots \cdots (3)$$

図5に4極機の電磁応力（または電磁力）の空間次数のモードと構造の円環モード次数との関係を示す。4極機の場合は、奇数次の円環モードを励起する電磁力は発生しないことがわかる。

2-2　電磁力－構造振動加振力変換[3]

2次元電磁界解析によって求められた電磁応力は図6(a)に示すように円周上の2次元分布で与えられ、その単位はPa（パスカル）である。一方、電磁力が構造に作用する加振力は図6(b)に示すように3次元分布となり、その単位はN（ニュートン）である。ここでは電動機のスキュー構造がストレートの場

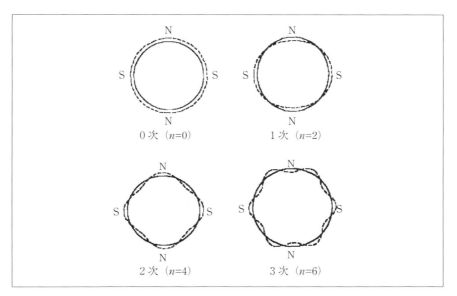

〔図5〕 4極機の電磁応力空間モード(カッコ内は構造の円環モード次数)

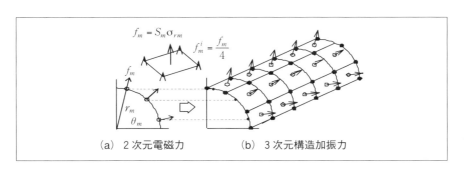

〔図6〕 電磁力から構造加振力への変換

合、構造加振力も長手方向に一定であると仮定する。いま、図6(b)のように構造が有限要素に分割されているとき、要素mの重心位置の円周方向の極座標(r_m, θ_m)における電磁力応力σ_{rm}は式(2)で求められる。この分布電磁応力に要素面積S_mを乗じて要素全体にかかる集中荷重f_mを求めることができる。ここで求めた集中荷重f_mは要素を形成する各節点に等分配される。図6(a)の場合

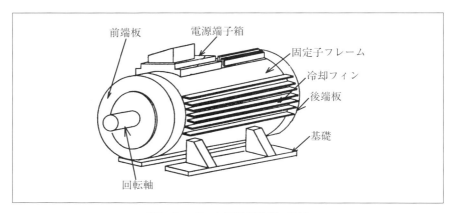

〔図7〕三相4極誘導電動機の外観

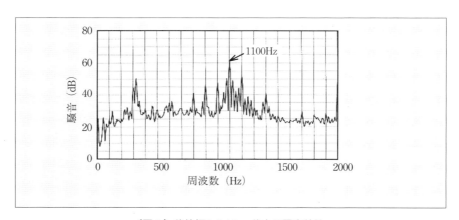

〔図8〕後端板から10cm後方の騒音特性

は4節点の場合の例である。

3．振動放射音のシミュレーション
3−1　誘導電動機（1）[4]
3−1−1　騒音特性

　図7に三相4極の誘導電動機の外観を示す。固定子の外径は300mm、固定子積厚は200mmである。この電動機を運転して、周辺の騒音を測定した。図8に

〔表1〕有限要素モデルと物性値

部品		有限要素モデル	ヤング率 (N/mm^2)	密度 (kg/mm^3)
前端板		shell	98000	7.25×10^{-6}
後端板		shell	91200	7.15×10^{-6}
回転子		solid	210000	7.85×10^{-6}
固定子	コア	solid	Ex=Ey=21000 Ez=210000	7.85×10^{-6}
	フレーム	solid	72000	2.7×10^{-6}
	冷却フィン	shell	72000	2.7×10^{-6}

定格運転における後端板の後方10cmの騒音の周波数特性を示す。これより、1100Hzのところで騒音が最大を示していることがわかる。この電動機は電源周波数50Hz、回転数1500rpm、極数4であるので1100Hzの周波数成分の騒音は時間次数22次の高調波電磁力が作用していることになる。そこで、以下の振動・音場解析の構造加振力の周波数として1100Hzを選ぶことにする。有限要素法を用いて磁束密度を求め、式(1)、式(2)に基づいて電磁応力を求め、この結果をもとに構造加振力への変換を行った。振動解析および音場解析には市販のシミュレーションソフトを用いた。

3-1-2 構造のモデル化

電動機の振動・騒音解析を精度よく行うためには、振動解析のためのモデル化が重要になる。ここでは以下の手順で行う。

①図7に示す電動機を対象に、前後端板、回転子、固定子（コア、フレーム、冷却用フィンの一体構造）に分解した時の部品および全体組立て後の一体構造状態における固有振動数を打撃試験によって求める。いずれの打撃試験もフリーフリーの状態で行う。

②部品ごとに有限要素モデルを作成し、部品ごとの固有振動数、固有モードを計算で求める。

③固有振動数および固有モードについて実験結果と計算結果を比較し、計算結果をできるだけ実験結果に近くなるように計算モデルの修正を行う。

④③で部品ごとの固有振動数、固有モードが実験と計算でほぼ一致したのち、部品を組み立てて、電動機全体の固有振動数、固有モードを計算で求める。

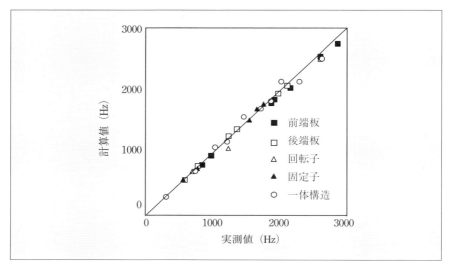

〔図9〕固有振動数の比較

⑤④で組立て後の固有振動数が実験と計算でほぼ一致すれば、モデル化は完了する。一致しないときは、部品のモデル化の再検討や組立て時の結合条件等を検討し、③を実行する。

表1に実験結果に基づいて振動解析に用いたモデル化した有限要素モデルと定数を示す。フレーム、回転子は等方性ソリッド固定子コアの積層部分には異方性ソリッド、端板はシェル要素としてモデル化した。

図9に単体および組立て状態の固有振動数の実測と計算値を示す。振動計算において、前後の端板とフレームとのボルト結合部は剛結合としてモデル化した。図9中、各部品を表す記号が実線上にあれば実測値と計算値が一致している。この場合、部品単体での差は3%以内となったので、一体構造として組み立てて計算した。この結果、一体構造として最大差で7%程度であり、モデル化の精度は十分と考える。また、組立て後の一体構造の固有振動数は1100Hz近傍にあり騒音の最大となる周波数にほぼ一致していることから、発生した過大な騒音は共振によることが予想される。

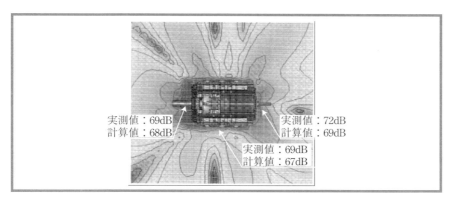

〔図10〕1100 Hzにおける電磁騒音

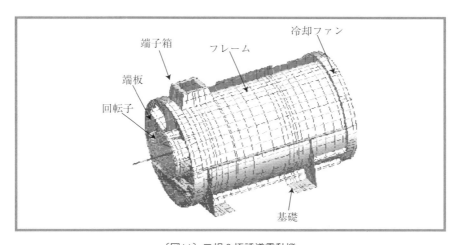

〔図11〕三相6極誘導電動機

3−1−3 電磁振動騒音解析結果

　前述の構造モデルを用いて振動解析を行い、1100Hzにおける電磁力による振動騒音解析を行った。振動解析は有限要素法、音場解析には境界要素法を用いた。図10に電動機周辺の騒音分布を示す。この図から、電動機周辺の騒音分布には指向特性のあることがわかる。また図中に、前後の端板から10cm離れたところの音圧の計算値と実測値を併記した。この結果、計算値と実測値との差が3dBであり、計算による予測精度が良好であることがわかった。

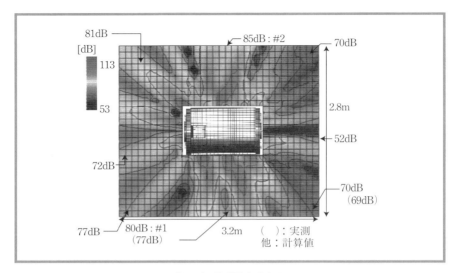

〔図12〕電磁騒音分布図

3－2　誘導電動機（2）[5]

図11にもう一つの誘導電動機を示す。この電動機は三相、6極、500kWである。構造モデルの作成は3－1－2項と同様の手法で行った。有限要素モデルとしては、はり、シェル、ばね要素を用いた。構造系の自由度は26096、音場解析の自由度は2500である。

振動解析を行い、ついで音場解析を行った。騒音は1058Hzでピークを示す。この1058Hzの騒音分布および電動機から100cm離れた周囲8点の騒音計算結果を図12に示す。また、図中に測定結果を（　）内に示す。この例の場合も、実測と計算結果の差は3dBであった。

以上、2つの例題から電磁音を、電磁力解析、構造振動解析、音場解析によって精度よく予測できることがわかった。

4．電磁力と構造振動・騒音の評価法[4]
4－1　共振判定値

電磁力の高調波空間分布は円環モードに展開され、軸方向同一に現れるとする。この円環モードの電磁力分布で電動機の固定子コアが加振される。この円

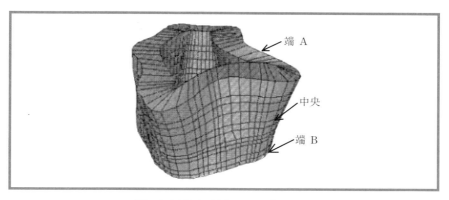

〔図13〕固定子の固有モード（1067Hz）

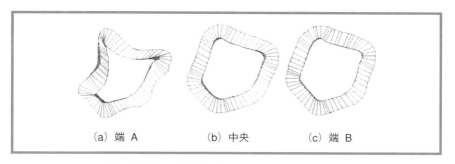

(a) 端 A　　　(b) 中央　　　(c) 端 B

〔図14〕固定子長手方向位置の円環モード（1067Hz）

環モード分布の電磁力周波数と同じ円環モードを示す電動機の固有振動数とが一致した時に共振状態となり振動がピークを示す。一般に、フレームは冷却フィンや端子箱があるため、理想的な円環モードとは異なり歪みを持ちさらにその形状も軸方向で異なる。図13に電動機(1)の固定子コアの固有モード、図14に固定子コアの両端部、および中央部の断面のモードを示す。この結果が示すように固定子コアとフレームは結合しているため固定子コアの断面も理想的な円環モードとはならないことが多い。このため、電磁力が構造振動や騒音にどの程度影響を及ぼすかを評価することが難しい。これら電磁力と構造振動との共振状態を評価できれば、電気的にまたは構造的に共振を避ける設計が可能になる。そこで、電磁力高調波空間モードベクトル$\{\phi_e\}$と構造系の固有モードベ

クトル $\{\phi_e\}$ の共振状態を定量的に判定するために次式で表される値SMORC（<u>S</u>pace <u>MO</u>de <u>R</u>esonance <u>C</u>riteria）γ を導入する。

$$\gamma = \frac{\left|\{\phi_e\}^T \cdot \{\phi_s\}\right|}{\|\{\phi_e\}\| \cdot \|\{\phi_s\}\|} \quad \cdots\cdots\cdots\cdots\cdots\cdots\cdots\cdots\cdots\cdots(4)$$

式(4)は2つの空間ベクトルの方向余弦を表しており、空間ベクトルが等しいときには1となり、直交するときには0となる。すなわち、1に近いほど電磁力と構造振動は共振状態に近づき、0に近いほど非共振状態に近づくことになる。

4—2 モード外力

振動・騒音の大小は外力の大小に依存する。前節の共振判定値は共振の度合を示すものであるが、同じ共振状態であっても外力の小さいほうが振動・騒音の値は小さくなる。このため、外力の大小も振動・騒音の評価として考慮してもよいと考える。そこで、モードごとに外力を評価するために、構造に加わる電磁加振力を $\{F\}$、構造の固有モードを $\{\phi_s\}$ として、モード外力を次式で定義する。

$$f = \{\phi_s\}^T \{F\} \quad \cdots\cdots\cdots\cdots\cdots\cdots\cdots\cdots\cdots\cdots\cdots\cdots\cdots\cdots(5)$$

4—3 計算結果

4—1節、4—2節で述べた評価法を誘導電動機（1）の振動加速度の大小比較に適用してみる。円環モードごとに共振判定値、モード外力および振動加速度を表2に併記して示す。この結果、共振判定値は$n=2$、4で大きく、電磁

〔表2〕1100Hzにおける最大振動振幅の計算値

円環モード次数 n	共振判定値 γ	加振力 (N)		最大加速度 (mm/s^2)		
		前進波	後退波	端A	中央	端B
0	0.01	6.3×10^2	0	1.5×10^2	1.6×10^2	2.1×10^2
2	0.15	3.0×10^{-5}	5.8×10^{-4}	1.9×10^{-4}	2.7×10^{-4}	6.7×10^{-4}
4	0.21	2.1×10^2	5.3×10^2	2.3×10^3	2.2×10^3	2.7×10^3
6	0.03	1.3×10^{-4}	2.0×10^{-4}	1.7×10^{-4}	1.5×10^{-4}	2.2×10^{-4}
8	0.007	1.1×10^2	1.8×10^2	3.2×10^1	2.5×10^1	2.8×10^1
10	0.006	1.2×10^{-4}	2.8×10^{-4}	2.0×10^{-5}	3.3×10^{-5}	4.7×10^{-4}
0, 2, 4, 6, 8, 10		合成	合成	2.4×10^3	2.3×10^3	2.8×10^3

力は$n=0$、4、8で大きい。共振判定値およびモード外力ともに大きくなるのは$n=4$の時である。また、振動加速度は$n=4$で最大となる。この結果、共振判定値が大きく、しかもモード外力の大きいモードで振動が大きくなることがわかる。

5．おわりに

電動機の高調波電磁力によって発生する振動・騒音の解析法とその評価法について述べた。モデル化については、モータの種類によって異なると考えられるが、現象の把握は共通していると考えられる。データベースの積み上げにより精度の高いモデル化が可能になる。机上のみでの判断には十分な注意が必要であろう。

引用文献

1) T. Kobayashi, F. Tajima, M. Ito, S. Shibukawa : "Effect of Slot Combination on Acoustic Noise from Induction Motors", IEEE Transaction on Magnetics, 33, 2, 2101～2104, 1997
2) 石橋, 小林：「小形かご形誘導電動機の高調波磁束の実験的考察」, 電学論D, 110, 891（平2-8）
3) I. Suzuki, S. Noda, K. Itomi, F. Ishibashi : "Natural Frequencies of Stator in Induction Motors", Proc. of DETC '97, 1-8, 1997
4) 塩幡, 根本, ほか5名：「電磁力励起による電動機の振動放射音解析法」, 電学論D, 118, 11（平10-11）
5) K. Shiohata, Dong-Wei,Li, et al. : "A Method for Analyzing Electromagnetic-Force-Induced Noise From a Motor And Its Application", Proc. APVC Conf., Vol Ⅱ, 2001

11　発電用風車の騒音

1．はじめに

　国内における風力発電設備の導入量は、この十年間の大規模なウィンドファームの建設により急増し、2009年3月末時点の設備容量の合計は185.4万kW（設置台数は1,517台）となった（NEDOホームページ）。発電用風車の設置台数の急激な増加により騒音等による環境影響の問題が生じたため、風力発電所の環境影響評価を実施する地方自治体も現れ、騒音（11事例）や低周波音（4事例）が環境影響評価項目に選定されている[1]（2009年2月時点）。
今後も風力発電の普及拡大が必至の状況で、障害となる騒音の低減が必要であり、一層の努力が期待されている。本稿では発電用風車（以下、単に風車と略記）の騒音源と対策の概要、主音源である広帯域音の低減化研究について述べる。

2．風車の騒音源

　風車の発生する騒音には、主としてナセル内に配置された増速歯車の振動による機械音と風車翼が発生する空力騒音がある（図1参照）。これらの騒音源の特徴と対策例を概説する。

2-1　機械音

　風車は、ロータ回転面に流入する風により翼に発生する駆動力で主軸を回転し、増速歯車を介して発電機を駆動する構造となっている。機械音の主たる発生源は増速歯車であり、歯車のかみあいに起因する加振力はタワーやナセルカバー、さらには翼を励振し、これら構造体の振動が、かみあい周波数およびその高調波成分の音を放射する[2]（図2参照）。この音のような純音が聞こえる場合、純音を含まない音に比較してより「うるさい」と感じるため、国によっては、測定された騒音レベルに例えば3～6dBを加算するペナルティーが課せられる[3]（我が国では採用されていない）。

　歯車の振動対策には、かみあい率の向上や歯形修正があるが、ギアボックスから架台に伝わる振動を絶縁する構造の採用により、この音は聞こえないレベ

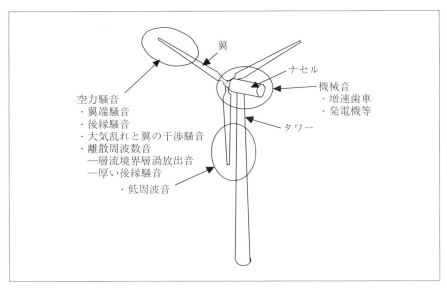

〔図1〕風車の各部名称と騒音源

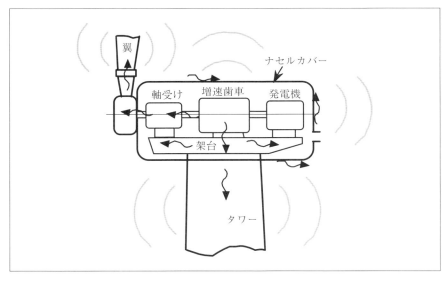

〔図2〕ナセル内構造と機械音の発生源

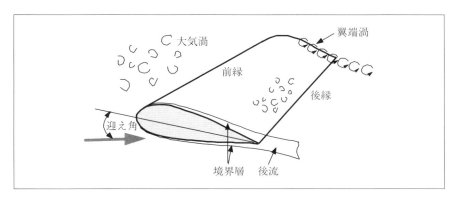

〔図3〕風車翼の広帯域音源

ルにまで低減することが可能となっている。なお、増速歯車をなくし、ロータが多極発電機を直接駆動する方式の風車もある。

2－2　空力騒音

風車翼の発生する主要な空力騒音は広帯域音であるが、この他に、低周波音や離散周波数音等がある。

2－2－1　広帯域音

風車翼が発生する広帯域音には、後縁騒音、翼端騒音、大気乱れと翼の干渉騒音がある（図3）。後縁騒音は、翼の周りで発達した境界層が乱流となり、翼後縁を通過する際に発生するもので、近接する後縁の存在により強い音となって放射される。発生音の強さは翼へ流入する風速の5乗に比例する、指向性があり、音源との位置関係により観測点における音のレベルは変化する、等の特徴がある[4]。また、迎え角が変化すると発生する音の特性も変わる。

次に、翼端騒音は、翼端部における翼の正圧面側と負圧面側の圧力差により、負圧面側への乱れた流れ（翼端渦）が翼後縁を通過する際に発生するもので、後縁騒音と同じメカニズムとされる。矩形の翼端形状でエッジを丸く処理した3次元静止翼の風洞試験により、Brooksら[5]は、翼端騒音は後縁騒音に比較して重要なものでないが、回転翼の場合には翼端が最速となるので必ずしもそうではない、としている。

大気乱れと翼の干渉騒音（以下、大気乱れ騒音と呼ぶ）は、大気中の渦が翼近傍を通過する際に発生する。この音の強さは、大気渦サイズと翼弦長との大

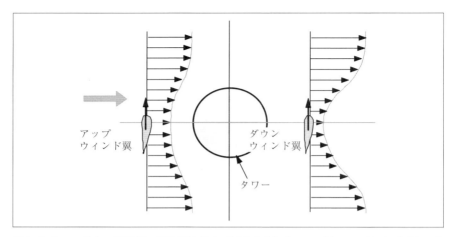

〔図4〕タワー風上、風下側の平均風速分布(風向方向)とアップウィンドおよびダウンウィンド型風車翼の通過位置

小に応じ、流入速度の5乗ないし6乗に比例するとされている[6]。Grosveld[4]は、風車の騒音の実測スペクトルと予測計算結果の比較から、広帯域音の中ではこの音が卓越するとしているが、最近の実機を対象とした騒音試験の結果によれば、後述のように、この音の重要性は低いようである。

これら広帯域音の強さは、翼周速に強く依存するので、風力開発初期の風車の低騒音化は主としてロータ速度を下げる方法が採られてきた。すなわち、初期の風車の翼端周速は100m/sを超える場合もあったのに対し、その後の一定回転型機(風速に関係なく定回転で運転する方式の風車)では、60m/s台のものが多い。

2—2—2　離散周波数音

レイノルズ数が10^6程度以下である場合、圧力面側で発達した層流境界層が剥離して翼後縁に達し、周期的な渦を放出することにより離散周波数の強い音(層流境界層渦放出音)が発生することがあり、小型風車で測定された報告[7]もある。この音の発生源対策は、翼圧力面側の境界層が剥離しない翼型の採用であり、仮に発生しても、圧力面側へのトリッピングテープの装着等による層流境界層の乱流促進により容易に行うことができる。

次に、翼後縁がある程度以上の厚さを持つ場合には、後縁部の厚さや形状、

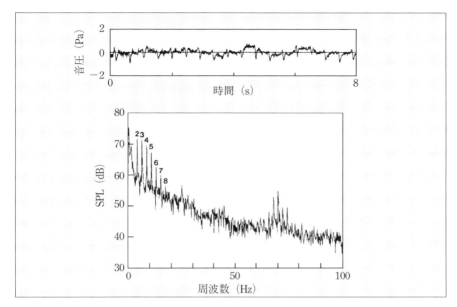

〔図5〕アップウィンド型風車で測定された低周波音の例[11]

流速等に応じて後縁から渦が周期的に放出され、結果として離散周波数成分を持つ音（厚い後縁騒音）が発生する。この音の周波数は、後縁が薄いほど高くなる傾向があるとされるが、翼後縁部を鋭く整形することにより、この音は発生しなくなる[4]。

2－2－3　低周波音

　翼がタワーの風下側で回転する方式のダウンウィンド型風車の場合、衝撃的な低周波音が発生する。原因は、風速が小さくなるタワー後流（図4参照）中を翼が高速で通過する際に迎え角が急変することにより翼面上に生じる急激な圧力変動であり、翼通過周期の衝撃的な音圧変動として観測される。この音の環境影響の事例として、運転時に数kmの範囲で影響があったとされる米国のダウンウィンド大型研究開発機MOD-1の事例がよく知られている[8]。

　調査の結果[9]、MOD-1運転時の苦情内容は、間欠的なズン音（thumping noise）で、音が聞こえるより感じる、屋外より室内で苛立たせる、建物内のがたつき、天井からの埃の落下、等であった。また、音線法で低周波音の伝搬のシミュレ

ーションも行われ、遠距離で影響があったのは、高さ方向の風速と温度分布、複雑地形等による特定の場所への音の集中によるもの、と推定している。

アップウィンド型機（翼がタワー風上側で回転する方式）の場合、低周波音が環境影響上問題となったとする報告例はないようであるが、観測された例[10, 11]がいくつかあり、アップウィンド型でも低周波音と無縁ではない。図5に、風車風下側44mの地表面上の板に取り付けたマイクロホンによる測定例[11]を示す。同図の時刻歴波形中に、翼通過周期（0.46秒）の、パルス状の音圧変動が記録されている。また、狭帯域スペクトル中に、翼通過周波数2.2Hzの2次以上、8次までの成分が明瞭に認められる。

アップウィンド型風車によるこの音の発生のメカニズムは、タワーの存在により風上側の回転面に直交する方向の風速が小さくなる領域（図4参照）を、翼が通過する際の翼面上の圧力変動によるものと考えられている[11]。ダウンウィンド型機と似た発生メカニズムであるが、タワー風上側の風速減少は下流側のそれと比較して小さいため、発生音のレベルが小さいものと考えられる。タワーから離れるほど上記の風速減少は小さくなるので、翼がタワーのより風上側を通過するようにすれば、この音を一層小さくすることができる。

3．広帯域音低減対策

機械音、離散周波数音や低周波音等は上記のように対策、回避されてきたが、広帯域音対策は容易ではない。1990年代になってから、主としてヨーロッパの研究機関が広帯域音対策研究を展開してきているが、当初は、各広帯域音源の寄与がどの程度なのかも明確でなかったようである。ここでは、広帯域音源に対する対策研究の事例を紹介する。

3－1　翼端騒音

前述のように、広帯域音の強さは周速の5乗、6乗に比例し、かつ翼端部の周速が最も大きいので、より低騒音の翼端形状を探る試験が行われてきた。Braunらは、16m径2枚翼風車で、図6（a）～（c）に示す翼端形状[12]の騒音性能の試験を行っている。試験は、同図（a）の翼端を基準用として翼に取り付け、もう1枚の翼の翼端に他の（b）または（c）を取り付けて行われた。翼端形状に関する数値は同文献12）に与えられている。Braunらの試験結果は、
◇　(b)の騒音は基準(a)に比較して1～3 dBA大きい
◇　(c)は(a)に比して1～5.4 dBA大きい

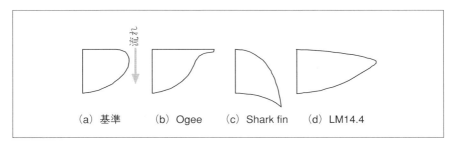

〔図6〕試験翼端形状[12,6]

◇上記の結果は、迎え角（結果として発電出力）に依存し、迎え角が大きくなると共に大きくなる

である。

　上記以外の種々の翼端形状の実機試験も試行錯誤的に行われたが、結果的に図6（a）の基準形や同（d）[6] に示すような先細りの形状が低騒音であるとしている。ただし、これらの試験研究では、翼端近傍の流れと形状の関係が明らかでなく、最適な翼端形状が明確にされたわけでもない。

3−2　後縁騒音

　後縁騒音は、種々の空力機械が発生する広帯域音の主要な音源であることから、数多くの理論的、実験的研究が行われてきた。Oerlemansらは、58m径3枚翼風車（G58風車）を対象に、マイクロホンアレイによる翼回転面上の音源分布を計測[13] し、

◇音源は翼端を外れた内側に分布し、その強さは翼周速の5乗に比例する
◇アレイに達する音は、翼が地表に向かって下降する状態で卓越する

等を明らかにした上で結果を総合判断し、試験翼の発生する広帯域音では後縁騒音が卓越している、と結論している。ただし、試験サイトは略平坦な草地であり、風の乱れは少ないと思われる。

　この音の主要な対策の方法は、鋸歯形状の後縁と低騒音設計翼によるものがある。

3−2−1　鋸歯状後縁

　鋸歯状後縁に関しては、図7に示すような形状の板を試験翼後縁に取り付け、表1に示す風洞試験[14〜16] や実風車による試験[17] が行われている。Dassenら[14] の、

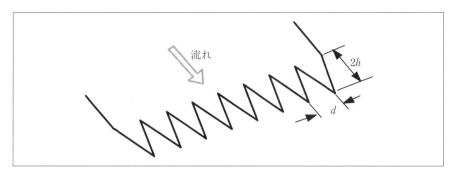

〔図7〕 鋸歯状後縁

〔表1〕 鋸歯状後縁の試験方法と結果

出典	試験方法	低減量（dB）
Dassen[14]	2D風洞	1〜6
Braun[15]	16m径風車	最大3.5
Oerlemans[16]	3D風洞＋模型風車	2〜3
Oerlemans[17]	94m径（GE）風車	3.2

 2次元（2D）風洞試験は、h/δ（δは境界層厚さ）が大きいほど低減効果があるが、h/dにはそれほど影響されないこと、対称翼と非対称翼、風速、迎え角、周波数域等によって低減効果は変わる、としている。Braunら[15]が試験を行った鋸歯状後縁は、翼弦長が20cmの試験翼に対して、$2h$=40mmと60mm、d=20mmと6.66mmであるが、取り付け方も結果に影響するとしている。

 表1中のOerlemansらの94m径風車（GE風車）による試験[17]では、鋸歯状後縁は厚さ2mmのアルミ製で翼端から12.5mの範囲で圧力面側に段差なく取り付けられた。ここで、鋸歯状後縁の$2h$は翼弦長の20%程度、dは翼端で10cm、最内側で30cmとしている。なお、風車翼に適用される鋸歯状後縁は特許登録されている。詳細は、例えば文献18）を参照されたい。

3―2―2　低騒音設計翼

 低騒音設計翼は、SIROCCOと呼ばれるEUプロジェクトで開発され、表2に示す風洞試験、実機試験が行われている。低騒音設計法の概要は次章で述べる。実機試験の低騒音翼は、基準翼の先端から内側30%を低騒音翼に置き換えたも

〔表2〕低騒音設計翼の試験方法と結果

出典	試験方法	低減量（dB）
Schepers[19,20]	2D風洞*	1〜1.5
Schepers[21]	2D風洞**	2程度
Oerlemans[16]	3D風洞＋模型風車	4
Schepers[19]	58m径（G58）風車*	なし
Oerlemans[17]	94m径（GE）風車**	0.5

* 基準翼GAMと低騒音設計翼TL132
** 基準翼GEと低騒音設計翼TL151

のである。2次元風洞試験[19]では、低騒音翼のレベルの低減は、低周波数域で得られ、高周波数域では逆に大きいこと、GE風車による試験[17]でも、低周波数域（160Hz〜800Hz程度）で低減効果があるが、1.25kHz以上の高周波数域では逆にわずかながらレベルが大きくなっている。また、表2で、風洞試験で確認された低減量が実機試験では得られていない点が注目される。

なお、G58風車の結果については、試験翼の品質に問題[19]があったようである。また、GE風車の試験では、低風速時には翼端からも発生音があるとしており、適切な翼端形状であったのか懸念が残る。

3−3 大気乱れ騒音

この音に関する理論的研究は数多く行われているが、最近では、Guidatiら[21]は、この音の発生は翼断面形状に強く関係し、翼形状により低騒音化も可能であろう、としている。前述のように、最近の研究でこの音の重要性は否定されているものの、これらの試験、研究は、乱れの少ない条件下で行われたようであり、複雑な地形に起因する乱れの強い風中でどの程度の寄与度なのか明確ではない。

4．低騒音翼型の設計法の概要

後縁騒音を対象とした低騒音翼型設計の基本的考え方[20]は、後縁における境界層の状態を低騒音なものに変えることであり、それを翼後半部分における翼面の圧力回復を調整することで達成しようとするものである。

例えば、図8において、基準翼型A_fの境界層端がAのように形成されているとする。次に、負圧面側の形状を例えばB_fのように修正（実際の修正は翼型全

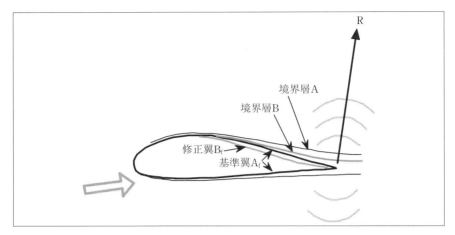

〔図8〕翼型修正による境界層の変化

体について行われる）したところ、負圧面側の境界層端がBのように変化したとすると、翼から十分離れたR点における音のレベルや周波数特性は基準翼のそれと違ったものになる。R点における音と後縁における境界層の状態を表わす特性とを関係づける式が与えられ、かつ翼型と迎え角等の与えられた条件で後縁における境界層の特性を得るモデル（計算コード）があれば、与えられた翼型からR点における音のスペクトルを予測計算できる。

設計に必要な境界層のパラメータについては、SIROCCOプロジェクトの当初は翼型設計・解析コードXFOILにより計算していたが、後にEDDYBLと呼ばれる乱流境界層解析コードで計算されている。これらの計算モデルを用い、R点における音のレベルが最小になるよう、翼型修正→音のスペクトルのレベル計算、を繰り返せば、低騒音翼型が得られることになる。なお、上記の修正・計算は無条件で行われるわけではなく、低騒音翼はベースとなる基準翼の主要な音源である外側部分を低騒音翼に置き換えて作成するので、基準翼と同じ空力特性（最大揚力、迎え角、揚効比、失速特性等）でなければならない、といった制約が与えられる[20]。

Bertagnolioらは、NACA0012翼を対象にした2次元風洞試験により上記の設計モデルを検証し、音のスペクトルレベルの予測計算は試験結果よりかなり小さい（周波数によるが大略10dB程度）が、スペクトルのパターンは試験結果の

傾向を再現している[22]、としている。また、低騒音設計法は、基準となる翼型から出発し相対的に低騒音な翼型を追究する考え方であるので、設計のコードとして有効なものであり得る、としている[22]。さらに、Bertagnolioらは、基準翼の空力性能や幾何的条件を維持するという低騒音設計の前提条件が、大きなレベルの低減を困難にしている可能性がある[23]、としている。

5．おわりに

　以上で述べてきたように、現時点における風車の低騒音化のターゲットは後縁騒音である。鋸歯状後縁により、後縁騒音はある程度の低減が可能であることが実証されたが、低騒音設計翼に関しては十分な結果が得られていない。また、翼端騒音については、後縁騒音との比較で現時点ではその重要性は低いが、翼端周りの流れと発生音との関係は不明であり、低減手法も明示されているわけではない。さらに、大気乱れ騒音は、我が国のような乱れの大きい風中でどの程度の寄与なのか把握し、必要に応じて対策も検討する必要もあろう。

参考文献

1）第6回環境影響評価制度総合研究会 資料2, 条例に基づく風力発電所の環境影響評価の実施状況, p.2, 2009年2月（環境省ホームページ）
2）A. Crone他："Tonal gear noise from wind turbines", Proc. ECWEC '93, 1993
3）T. H. Pedersen："Prominent tones - Proficiency testing among 30 laboratories of ISO 1996-2 Annex C", Acoustic - 08, Paris, 2008
4）F. W. Grosveld："Prediction of broadband noise from horizontal axis wind turbine", J. Propulsion, Vol.1, pp.292-299, 1985
5）T. F. Brooks他："Airfoil tip vortex formation noise", AIAA J., Vol.24, pp.246-252, 1986
6）Wagner, S. 他："Wind turbine noise", Berlin, 1996
7）例えば，二井他：「風力発電システムで観察された強い空力離散周波数音」, 日本機械学会論文集（B編), Vol.65, pp.2325-2332, 1999年
8）N. D. Kelly："Acoustic noise generation of DOE/ NASA MOD-1 wind turbine", Proc. 2nd DOE/NASA Wind Turbine Dynamics Workshop, pp.375-387, Cleveland, 1981
9）N. D. Kelly："Wind turbine low-frequency noise", Workshop of Fundamentals

of aeroacoustics with applications to wind turbine noise, National Wind Technology Center, 2001
10) K. P. Schepherd 他 : "Environmental noise characteristics of MOD-5B and WWG-600 wind turbines", Proc. 8th ASME Wind Energy Symp., Houston, pp.217-226, 1989
11) 二井他 :「アップウィンド型風車の低周波音」, 日本音響学会誌, Vol.52, pp.341-347, 1996年
12) Braun, K. A. 他 : "Investigation of blade tip modifications for acoustic noise reduction and rotor performance improvement", ICA-Report No.49, University of Stuttgart, 1996
13) Oerlemans, S. 他 : "Location and quantification of noise sources on a wind turbine", J. Sound and Vibration, Vol.299, pp.869-883, 2007
14) A. Dassen他 : "Wind tunnel measurements of the aerodynamic noise of blade section", Proc. EWEC'94, pp.791-798, 1994
15) K. A. Braun他 : "Serrated trailing edge noise (STENO)", Proc. EWEC '99, Nice, France, pp.180-183, 1999
16) Oerlemans, S. 他 : "Experimental verification of wind turbine noise reduction through optimized airfoil shape and trailing-edge serrations", NLR-TP-2001-324, 2001
17) Oerlemans, S. 他 : "Reduction of wind turbine noise using optimized airfoils and trailing-edge serrations", AIAA J., Vol.47, pp.1470-1481, 2009
18) Patent title : "Wind turbine blades with trailing edge serrations"
http://www.faqs.org/patents/app/20090074585
19) J. G. Schepers他 : "SIROCCO : Silent rotors by acoustic optimization", Second International Meeting on Wind Turbine Noise, Lyon, 2007
20) J. G. Schepers他 : "SIROCCO: Silent rotors by acoustic optimization", Proc. EWEC '96, Athens, 2006
21) G. Guidati他 : "Simulation and measurement of inflow-turbulence noise on airfoil", AIAA-97- 1698-CP, 1997
22) F. Bertagnolio他 : "Experimental validation of TNO trailing edge noise model and application to airfoil optimization", Proc. EWEC '09, Marseille, 2009
23) F. Bertagnolio他 : "Trailing edge noise model applied to wind turbine airfoils",

Risø-R-1633(EN), Risø National Laboratory, 2008

12 ハイブリッド自動車の振動騒音・電磁騒音

1. まえがき

近年、地球環境問題や省エネルギー化への対応が急務となっている。当社ではその対応手段の一つとして、ガソリンエンジンと電気モータを併用したハイブリッドシステムを開発し、1997年に世界初の量産ハイブリッド車プリウスを製品化した。以来ハイブリッド車の普及に努め、2007年にはFR乗用車レクサスLS600hを製品化し、優れた環境性能と、高級車に求められる高い走行性能、静粛性能との両立を実現させた。2009年にはプリウスも3代目へと進化し、今後もハイブリッド車の一層の普及拡大が予測される中、ハイブリッド車の優位性のひとつである静粛性の追求は不可避と考える。ハイブリッド車特有のパワーユニット（モータ、発電機、パワーコントロールユニット）における振動騒音現象と課題、その改善技術の動向について解説する[1]。

2. ハイブリッドシステム

ハイブリッドシステムの構成を図1に示す。主要な電気系ユニットとして、

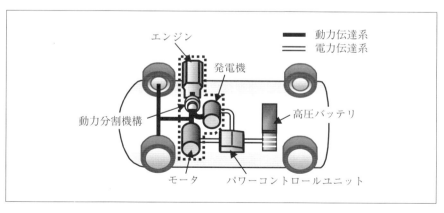

〔図1〕トヨタハイブリッドシステム

[表1] ハイブリッド車の振動騒音現象

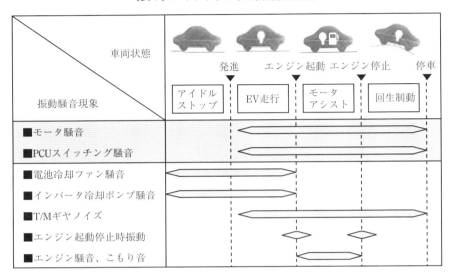

　駆動モータ、発電機、動力分割機構からなるトランスミッション、インバータを内蔵するパワーコントロールユニット、および高圧バッテリで構成されている。モータ、発電機、パワーコントロールユニットをパワーユニットと総称する。

　2003年発売の2代目プリウス以降は、高圧バッテリ電圧をさらに昇圧させる昇圧コンバータがパワーコントロールユニット内に、2005年のハリアーハイブリッド／クルーガーハイブリッドからは、モータ回転を減速するリダクション機構がトランスミッション内に内蔵されている。さらにFR乗用車のGS450h、LS600hには2段変速式リダクション機構が採用され、ユニットの小型化・高性能化が図られている。

3．ハイブリッド車の振動騒音と課題

　ハイブリッド車の代表的な振動騒音現象を表1に示す。ハイブリッド車の特徴として、アイドルストップやEV走行時のエンジン停止による静粛性がある（図2）。その反面、従来車にはないパワーユニットの作動音が聞こえやすい状況にある[2]。同様に、減速走行時にエネルギーを回収する回生制動、エンジン

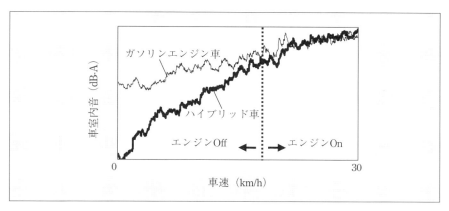

〔図2〕徐加速時の車内音比較

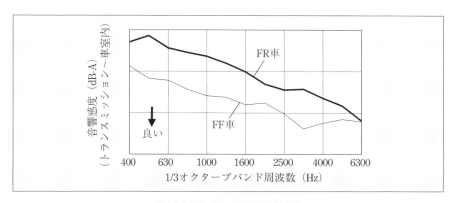

〔図3〕FF、FRの車両感度比較

駆動時のモータアシスト走行でも、パワーユニットの作動が特有の振動騒音現象になる。その代表例であるモータの電磁騒音やインバータ、昇圧コンバータのスイッチング騒音を低減することが、ハイブリッド車本来の優位性を確保するための課題となる。

またFR乗用車では、高級車にふさわしい一段と高い静粛性を確保する必要がある。一方で排気量が大きく、かつ高い車両性能に応じるため、パワーユニットの出力は大きなものとなり、振動騒音の起振力も増加傾向となる。加えてトランスミッションがセンタートンネル内に搭載されるため、エンジンルーム

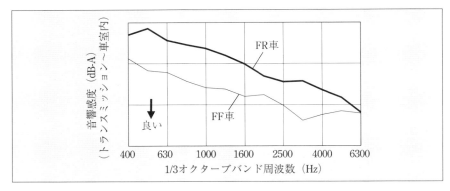

〔図3〕FF、FRの車両感度比較

〔表2〕モータ騒音

分類	要因	発生周波数
電磁振動騒音	磁気アンバランス	電気周波数の2倍
	トルクリプル	電気周波数の6n倍
	コギングトルク	回転周波数×スロット数と極数の公倍数
	通電制御	PWM制御キャリア周波数
機械振動騒音	機械アンバランス	回転周波数のn倍
	軸受け	回転周波数×軸受け構成

内に搭載されるFF乗用車に比べ、車室内の乗員耳位置までの音響感度が不利となる（図3）[3]。このため、モータ騒音を低減することが特に重要な課題となる。

4．モータ騒音
4−1　強制力と開発課題

　モータ騒音は電磁振動騒音と機械振動騒音に大別され、それぞれの強制力要因と発生周波数の概要を表2に示す。両者とも強制力がステータやロータに作用して振動を発生し、ハウジングに伝達される。それがボデーへの振動入力や、ハウジング表面からの放射音となり車室内での音となる。特に、トランスミッションの固有振動数と一致した場合などに顕著となる。

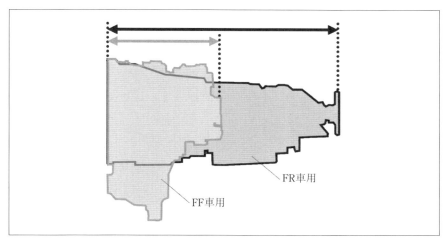

〔図4〕FF、FR用トランスミッションの体格比較

　図4にはFF車用とFR車用のトランスミッションの体格比較を示す。FR車用トランスミッションはFF車用に比べ全長が長く、高出力化に対応して重量も重い。このためトランスミッション全体が変形する構造共振がより低い周波数で発生する。
　また2段変速式リダクション機構の採用でモータの減速比が大きくなり、同じモータ騒音周波数における車速が低くなる。言い換えれば、暗騒音が低い低車速域で共振が励起されることになる。FR車両では、先述の車両音響感度の不利に加え、構造共振周波数の低下により、さらにモータ騒音の課題が生じやすくなる。このような共振はトランスミッションの構造で決まるため大幅に変えることは難しく、共振を励起させるそもそもの強制力を低減することが、最も有効な騒音低減手段となる。
　以下では、これらの課題に対する改善技術を紹介する。

4-2　低減技術

　電気2次の騒音となる磁気アンバランスが生じる要因として次の二つがある。一つはロータとステータのギャップ寸法にアンバランスがある場合、すなわちロータの回転中心軸に対してステータ中心軸が偏芯している場合である。これによりロータとステータ間の吸引力に不平衡が生じ、構造体の振動を励起する加振力となる。軸偏芯は、部品精度や組付け精度を高めることである程度

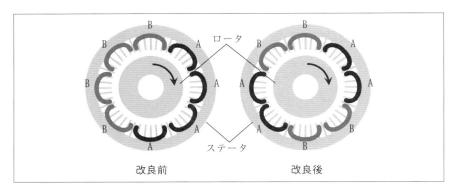

〔図5〕ステータ巻線構造

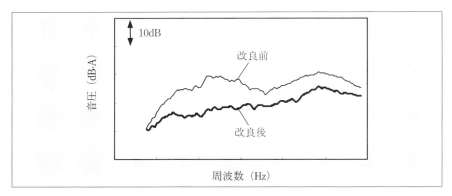

〔図6〕電気2次モータ騒音の改善

改善されるが、完全に排除することは困難である。もう一つは、通電電流にアンバランスが生じる場合である。さらに電流のアンバランスを引き起こす要因としては、ステータ巻線の不平衡や、先述のロータとステータの軸偏芯などがある。

　高い静粛性が求められるFR車用モータにおいて、後者の電流アンバランスを抑制する巻線構造に改良し、電気2次のモータ騒音を低減した[4]。

　図5に改良前後における1相当たりのステータ巻線の模式図を示す。モータ出力性能など諸条件から、巻線構造は並列回路を採用しており、並列の各コイル群を図中A群、B群で示す。先述のとおり、ロータとステータの中心軸に偏

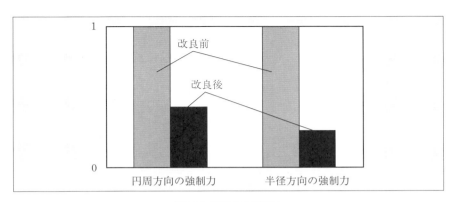

〔図7〕電気6次強制力

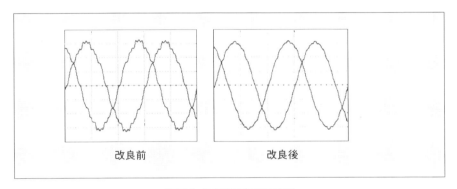

〔図8〕無負荷誘起電圧波形

芯があると、ロータの回転により各コイル間に誘起する電圧に差が生じる。改良前はA群、B群の円周配置上の偏りから、並列回路内に循環電流が発生して電流のアンバランス、すなわち電気2次の強制力が発生することになる。改善方策として、巻き方の工夫でA群、B群が円周上に偏らない配置にし、循環電流を排除した。モータ出力性能、体格、生産性などは改良前と変わらず維持している。これにより電流のアンバランスがなくなり、大幅な騒音低減を実現している（図6）。

次に、トルク脈動に起因する電磁騒音の低減技術を述べる。強制力はモータの構造的な不連続性で生じる電磁力の変動で、ステータの巻線構造やスロット

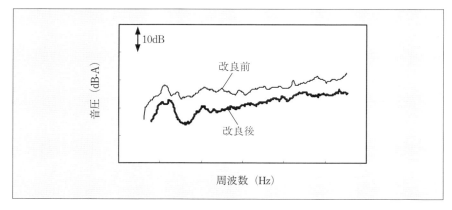

〔図9〕電気6次モータ騒音の改善

形状、ロータの磁石配置や突極性などに起因する。電流による磁束と磁石による磁束の相互作用や、ロータの突極性に伴う磁路変化で発生する。表2のとおり、強制力次数は電気周期の6n次（n=1,2・・）となる。

図7に電気6次強制力の改善事例を示す。従来技術に対しロータの磁石配置の改良を図り、ギャップ面の磁束分布をより正弦波に近づけて高調波成分を抑制した。これにより円周方向の強制力、ロータとステータに偏芯がある場合の半径方向の強制力とも大幅な低減を実現した。図8には改良前後の無負荷誘起電圧波形を、図9には電気6次モータ騒音の低減効果を示す。

5．スイッチング騒音
5－1　強制力と開発課題

パワーコントロールユニットは、高圧バッテリの直流電圧を昇圧させる昇圧コンバータと、昇圧された直流電圧を交流電圧に変換しモータへ印加するインバータで構成されている。これらの電力変換は、半導体素子を高速でオン、オフするスイッチング制御により行われるため、電流にはスイッチング周波数に同期した変動成分が生じる。これが強制力となり、数kHz～十数kHzの電磁騒音（以下、スイッチング騒音）が発生する（図10）。この音は高周波の純音に近い耳障りな音で、モータ騒音と同様にハイブリッド車特有の現象である。

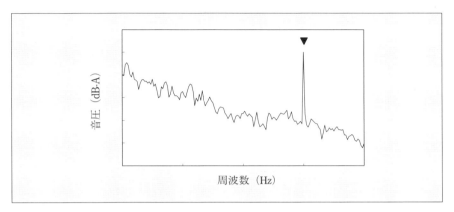

〔図10〕スイッチング騒音

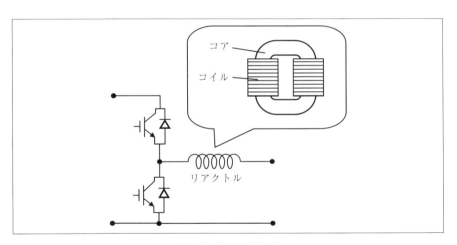

〔図11〕昇圧回路概略

5―2 低減技術

　スイッチング騒音の発音源の一つに昇圧コンバータがある。2代目プリウスから採用されている可変電圧システムでは、パワーコントロールユニット内に、昇圧コンバータが内蔵されている。その回路構成の概略を図11に示す。
　先述した半導体素子のスイッチングに起因する電流変動成分により、リアクトル内に交流磁界が発生し、コアギャップ部の吸引力変動や、コアの磁歪によ

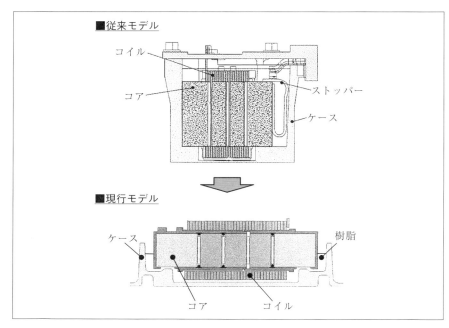

〔図12〕リアクトル構造概略

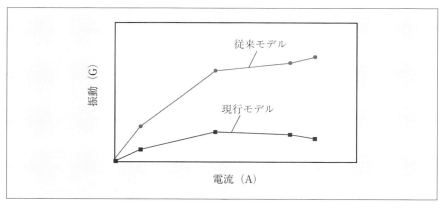

〔図13〕リアクトル振動の改善

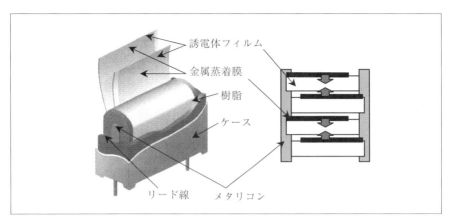

〔図14〕フィルムコンデンサ構造概略

る振動が生じる。その結果、パワーコントロールユニットからの放射音や、振動のボデー入力が車室内での高周波音となる[2]。低減手段として、コア材に低磁歪特性を持つ薄板の電磁鋼板を採用してきた。

　最近の動向としては、製造工程の簡素化、低コスト化を図るため、電磁鋼板の代わりに高密度に成形された圧粉磁心が開発され、3代目プリウスで採用されている[5]。圧粉磁心は低磁歪の電磁鋼板と比べると振動が大きくなる課題があり、コアからケースへの振動伝達系を対策して改善を図っている。従来ではコアをケースに押し当てて固定していた構造から、コアをフローティングする構造に変更することでケース振動を低減し、従来以上の静粛性を実現している。図12にリアクトル構造の概略を、図13に振動低減効果を示す。

　もう一つの発音源としてコンデンサがある。図14に採用しているフィルムコンデンサ素子の構造概略図を示す。フィルムコンデンサ素子は、金属薄膜を蒸着した誘電体フィルムが重ね巻きされた構造をしており、ここに電流のスイッチング制御に伴う高周波の交流成分が作用して、誘電体フィルム間に電磁力の変動が生じる。これがコンデンサの振動源となり、振動がケースから車両搭載ブラケットを介して、ボデーへと伝達され車室内音となる。

　特に車両の暗騒音が小さく、静粛性への要求が高いFR乗用車では、わずかな振動が車室内音として問題となることがある。一方で高い出力特性[4]に比例して起振力も傾向的に大きくなる。そのためボデーへの振動入力を一層抑える

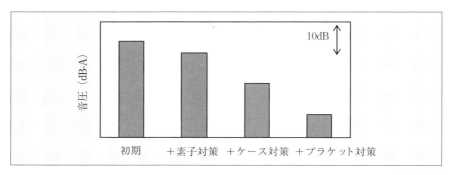

〔図15〕フィルムコンデンサ騒音の改善

必要から、以下の振動伝達系対策を実施している。
　まずフィルムコンデンサ素子の配置改善により、ケースへの振動伝達を低減した。またケース自体の振動特性を改善するケース形状対策、さらに車両搭載ブラケットとケース間を防振支持構造とするブラケットでの対策により、車室内音を大幅に低減している（図15）。

6．おわりに

　ハイブリッド車特有のパワーユニットにおける振動騒音現象と課題、およびいくつかの低減技術を解説した。今後もハイブリッド車への期待、圧倒的な静粛性への期待はより一層高まっていくものと予想され、パワーユニットの更なる低騒音化への取り組みが必要と考える。

参考文献
1）服部ほか：「ハイブリッド車用パワーユニットの振動騒音低減技術の動向」，自動車技術会シンポジウム，No.16-07，20084161
2）駒田ほか：「次世代ハイブリッド車における振動騒音問題と低減の取組み」，自動車技術 Vol.60, No.4, 2006.20064236
3）川端ほか：「FRハイブリッド車開発における振動騒音低減技術」，自動車技術会学術講演会前刷集，No.36-06，20065149
4）松本ほか：「最新のハイブリッド乗用車」，自動車技術 Vol.61, No.9, 2007.20074651

5）野澤ほか：「小型乗用車用新型パワーコントロールユニットの開発」，自動車技術会学術講演会前刷集，No.7-09，20095487

監修者

堀　康郎　愛知工業大学
1962 年名古屋大学工学部電気学科卒業。
株式会社日立製作所日立研究所、同国分工場、岐阜大学教授、愛知工業大学教授を経て、現在、堀技術士事務所所長。専門は電力機器の振動、騒音の研究。工学博士、IEEE Senior Life Member、電気学会終身員、日本技術士会会員

田中　基八郎　埼玉大学
1970 年早稲田大学大学院理工学研究科（修士）卒業、日立製作所機械研究所を経て、現在、埼玉大学大学院教授、専門分野は、機械構造物の低振動、低騒音化。工学博士

執筆者

堀　康郎　愛知工業大学

佐藤　忠　秋田大学
1967 年東京大学工学部電子工学科卒。株式会社日立製作所日立研究所、秋田大学教授を経て、現在、同大学特任教授。専門は電力機器の電磁界解析、大口径イオン源の開発など。工学博士、電気学会会員

田島　克文　秋田大学
1989 年東北大学大学院工学研究科電気及通信工学専攻博士課程前期 2 年の課程修了。同年秋田大学工学資源学部助手、講師、准教授を経て現在秋田大学大学院工学資源学研究科教授。専門は誘導モータの動特性解析など。博士（工学）、電気学会、IEEE 会員

溝上　雅人　新日本製鐵株式会社
1985 年岡山大学大学院工学研究科修士課程修了。同年、新日本製鐵株式会社入社。以来、電磁鋼板の利用技術研究に従事。

石田　昌義　JFEスチール株式会社
1985 年東北大学大学院理学研究科物理学第二専攻博士後期課程修了。1986 年川崎製鉄株式会社（現 JFE スチール株式会社）入社。電磁鋼板他の磁性材料、超伝導材料等の開発研究、応用研究に従事、現在に至る。理学博士

野田　伸一　株式会社 東芝
株式会社東芝にて、産業、鉄道、エレベータ、自動車用モータの開発に従事。特にモータの電磁振動・騒音の解析と実験にて、低騒音化を研究。機械学会会員、電気学会会員。工学博士

太田　裕樹　日立アプライアンス株式会社
2004 年 3 月東京電機大学大学院　理工学研究科博士後期課程応用システム工学専攻満期退学。2005 年 7 月博士（工学）。現在日立アプライアンス株式会社会社技師

塩幡　宏規　茨城大学
1972 年株式会社日立製作所入社。機械研究所にて、機械の振動・騒音に関する研究開発に従事。2000 年茨城大学工学部教授、現在に至る。工学博士

二井　義則　元 産業技術総合研究所
1965 年広島大学工学部卒業、1967 年同大学院工学研究科修士課程修了、1969 年同大工学部助手。1971 年工業技術院機械試験所（後に機械技術研究所）に転任、2003 年（独）産業技術総合研究所を定年退職。主として地盤振動、風車騒音の研究に従事。工学博士

服部　宏之　トヨタ自動車株式会社

設計技術シリーズ
電気電子機器の騒音対策と設計法を解説
電磁振動と騒音設計法

2015年2月23日　　初版発行
2016年6月11日　　初版第二刷発行

監　修　　田中基八郎・堀　康郎　　　　　　©2015

発行者　　松塚　晃医

発行所　　科学情報出版株式会社
　　　　　〒300-2622　茨城県つくば市要443-14 研究学園
　　　　　電話　029-877-0022
　　　　　http://www.it-book.co.jp/

ISBN 978-4-904774-26-7　C2053
※転写・転載・電子化は厳禁
＊本書は三松株式会社から以前に発行された書籍です。